七十二候のゆうるり歳時記手帖

著　森乃おと
絵　ささきみえこ

雷鳥社

暦のはなし
——二十四節気《にじゅうしせっき》と七十二候《しちじゅうにこう》

◆故《ふる》きを温《たず》ね新しきを知る

もともとの暦の語源は「日読《かよ》み」。今も昔も、暦と季節のめぐりを知ることは、日々の暮らしを豊かにしてくれます。

季節は、地球と太陽の位置関係によって生まれます。地球は地軸を二十三・四度ほど傾けながら一日一回自転し、太陽をひとめぐりします。

北半球にある日本が春ならば、南半球は秋となります。日本には美しい四季がありますが、それは刻々と変わる、地球と太陽の角度がつくりだす光の反映といえます。

暦には大きく分けて、「太陽暦」「太陰太陽暦」「太陰暦」の三つの種類があります。

現在、多くの国で使われている暦は、太陽の運行をもとにしたグレゴリオ暦で、季節を正確に表す太陽暦です。日本では明治五（一八七二）年の改暦の詔《しょう》書《しょ》によって、グレゴリオ暦の新暦に切り替わりました。突然、旧暦明治五年十二月三日が、新暦明治六年一月一日となったわけですから、当時はさぞ混乱したことでしょう。

それまで日本では、月と太陽の運行を取り入れた「太陰太陽暦」を、千年以上も使っていました。その暦は古代中国で生まれたものです。より季節を正確に知るために、二十四節気と七十二候といった季節の指標も発達しました。江戸時代に、天文暦学者の渋川春海《しぶかわはるみ》が、日本人によるはじめての暦、「貞享《じょうきょう》暦《れき》」を編纂します。その後、三度改定され、改暦直前まで使われていた「天保暦」が狭義での旧暦です。

新暦のグレゴリオ暦では、三六五の日付そのものが、正確に季節を示します。そのため、同じく太陽暦である二十四節気の実用性は薄れたといえます。

今では「暦の上では春ですが」といった挨拶に使われる程度で、ましてや七十二候となると、はじめて耳にするという方が多いのかもしれません。

日本の暦は、花鳥風月の情緒があふれ、暮らしに役立つ知恵の宝庫でもあります。繊細な季節の移ろいと、先人の叡知。その温故知新を、ゆうるりと楽しみましょう。

本書では、一八七四（明治七）年に改訂された『略本暦』の漢字表記を基にしながらも、現代語として意味の通りやすい読み仮名を付しています。日付はおおよその目安を示しています。また、参考文献の旧字体は新字体に、読みは現代仮名遣いで表記しています。

◆月と太陽と暦

人類にとって、もっとも身近な天体は、月と太陽です。月は、太陽があたる角度によって、大きく形を変えます。人類最初の暦は、満ち欠けを繰り返す月の周期でした。

太陽と同じ方向にある新月を「朔《さく》」。満月を「望（ぼう／もち）」といいます。その間に半月の上弦・下弦があります。

月のはじまりの朔日《ついたち》は必ず新月。十五日前後には満月、再び新月に至るまでは約二九・五三日です。これを朔望月《さくぼうげつ》といい、太陰暦のひと月。二十九日（小の月）か三十日（大の月）で成り立っています。

一年は三五四日となり、太陽暦の一年とは約十一日の差が生まれます。

太陰暦では、夜空を見あげれば、月の形で日付がわかり、とても便利です。けれども、三年で一カ月ほど暦と季節がずれていきます。

太陰太陽暦は、月の満ち欠けで日を数える太陰暦に、太陽の運行を組み込んで生まれた暦です。基本的には太陽暦なので、常に新月の日が朔日《ついたち》となります。

太陰太陽暦は、百済を通じ、六世紀頃に日本に伝えられ、何度かの改暦を経ながら、長く使われてきました。最後の天保暦は、月と太陽の運行をかなり正確に観測して編まれています。

太陰太陽暦では、暦と季節のずれを調節するために、閏《うるう》月をおきます。その時期は、およそ十九年に七回。例えば、四月の次に入った閏月は「閏四月」と呼ばれ、一年が十三カ月となります。

調節の指標として生まれたのが、太陽暦に沿った二十四節気です。「節気（節）」と「中気（中）」を交互に配し、中気のない月を閏月とします。「節（節気）」は季節を区切り、「中（中気）」は暦月を表します。

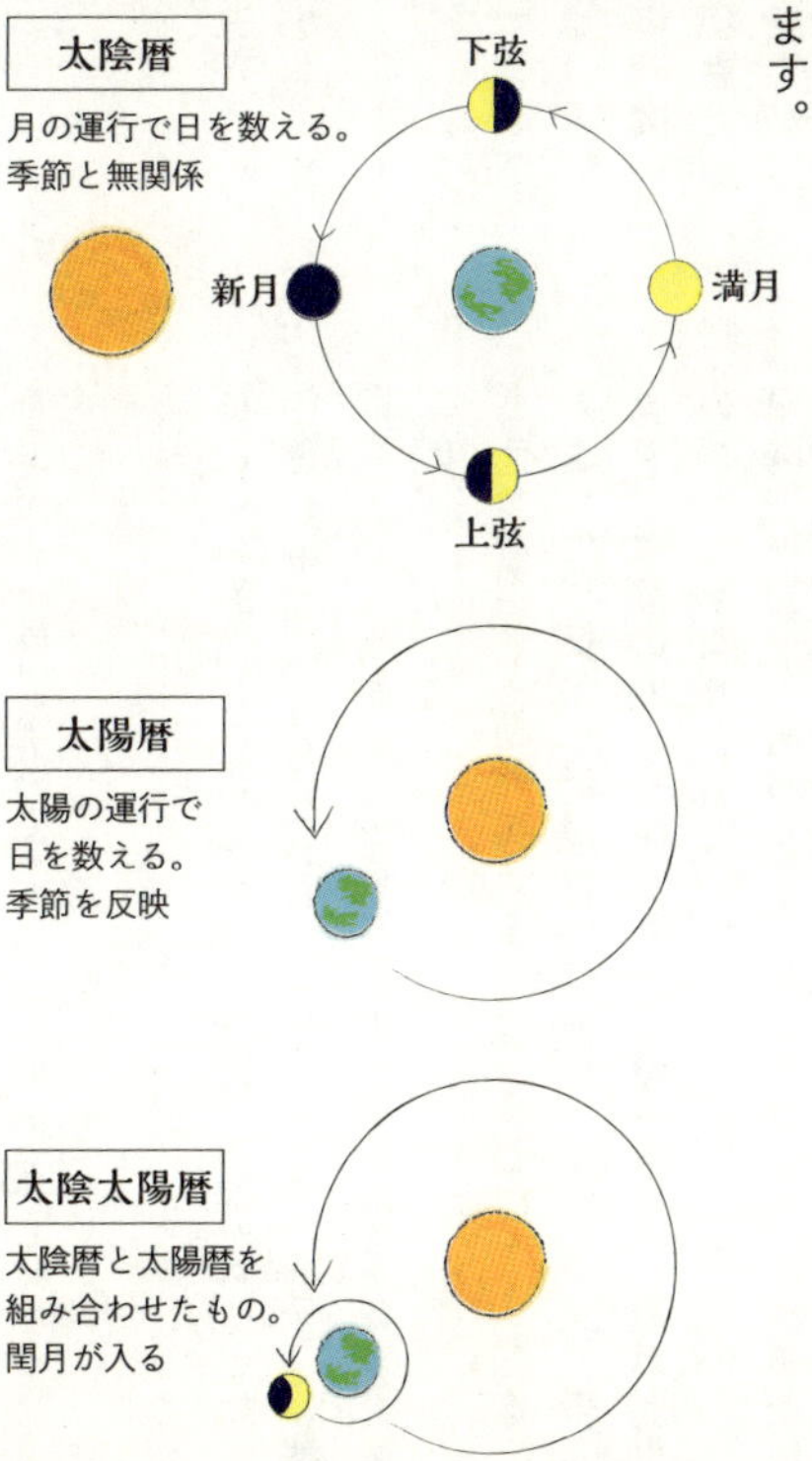
太陰暦
月の運行で日を数える。
季節と無関係
下弦
新月
満月
上弦
太陽暦
太陽の運行で
日を数える。
季節を反映
太陰太陽暦
太陰暦と太陽暦を
組み合わせたもの。
閏月が入る

イラスト　植木ななせ

◆二十四節気は太陽暦

古代中国の黄河流域、現代の華北地方で生まれた「二十四節気」は、太陽の運行を基準にした太陽暦です。「太陽の季節点」ともいえます。

地球は、太陽のまわりを三六五日かけて公転します。「春分点」をスタート地点とし、地球が一周する三六〇度を、十五度ごとに二十四等分します。ひとつの区切りは約十五日間。それぞれの期間に「清明」「穀雨」などの名前をつけ、自然現象の変化を示しています。新暦は西洋の太陽暦ですが、二十四節気の日付も、一日前後するだけで、毎年ほぼ固定されています。

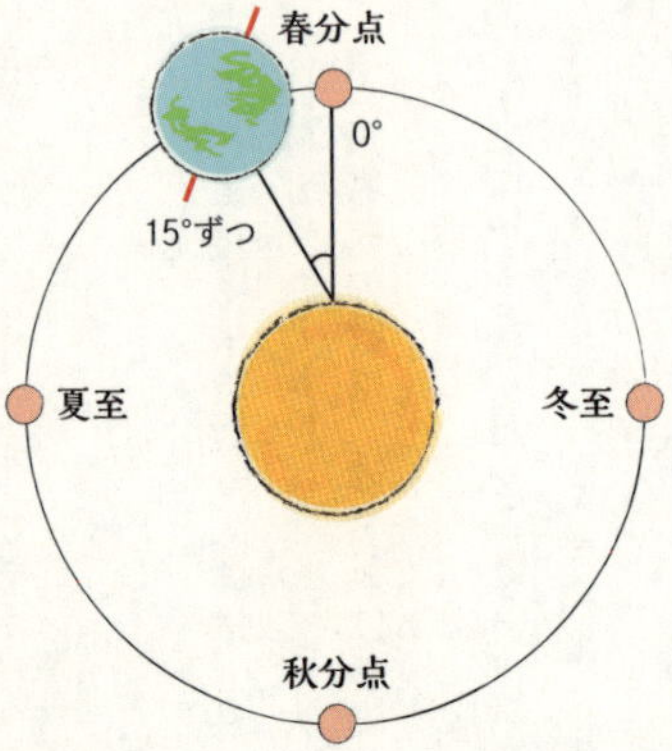

◆七十二候は五日ごとの季節の兆し

ひとつの節気をさらに三つに分け、約五日ごとに一年を七十二等分した暦が、「七十二候」です。〝気候〟という言葉も、「節気」と「候」から生まれました。

七十二候は、「桃始笑（ももはじめてさく）」などのように、気象や動植物の移ろいを短い言葉で表します。季節の兆しを感じられる暦であり、農耕時期の目安ともなりました。

やはり中国から伝わりましたが、日本の気候風土に合わせて、何度か改定されています。有名なものは渋川春海編の「本朝七十二候」。現在は、明治七年の「略本暦」に掲載されている七十二候が、主に使われています。

二十四節気と七十二候のほか、日本独自のものとして、「雑節《ざっせつ》」があります。二十四節気を補い、より日本人の暮らしや風土に寄り添った、重要な季節の目印です。

一般的に次の九つが、雑節とされています。

節分・彼岸・社日・八十八夜・入梅・半夏生・土用・二百十日・二百二十日。

◆二至《にし》二分《にぶん》と四立《しりゅう》

大昔、農耕をはじめた人類は、太陽の運行によって日を数え、暦をつくりました。その中で「特別な日」とされたのは、もっとも昼の長い夏至と短い冬至。そして昼夜同じ長さの春分と秋分です。暦の基礎となったのは、この「二至二分《にしにぶん》」でした。その四等分の中心に立春、立夏、立秋、立冬の「四立《しりゅう》」を置き、八等分したものが「八節《はっせつ》」です。その期間は四十五日。これをさらに三等分したのが二十四節気です。

※太陽は反時計まわりですが、この図では、月のめぐりにあわせて時計まわりで記しています。

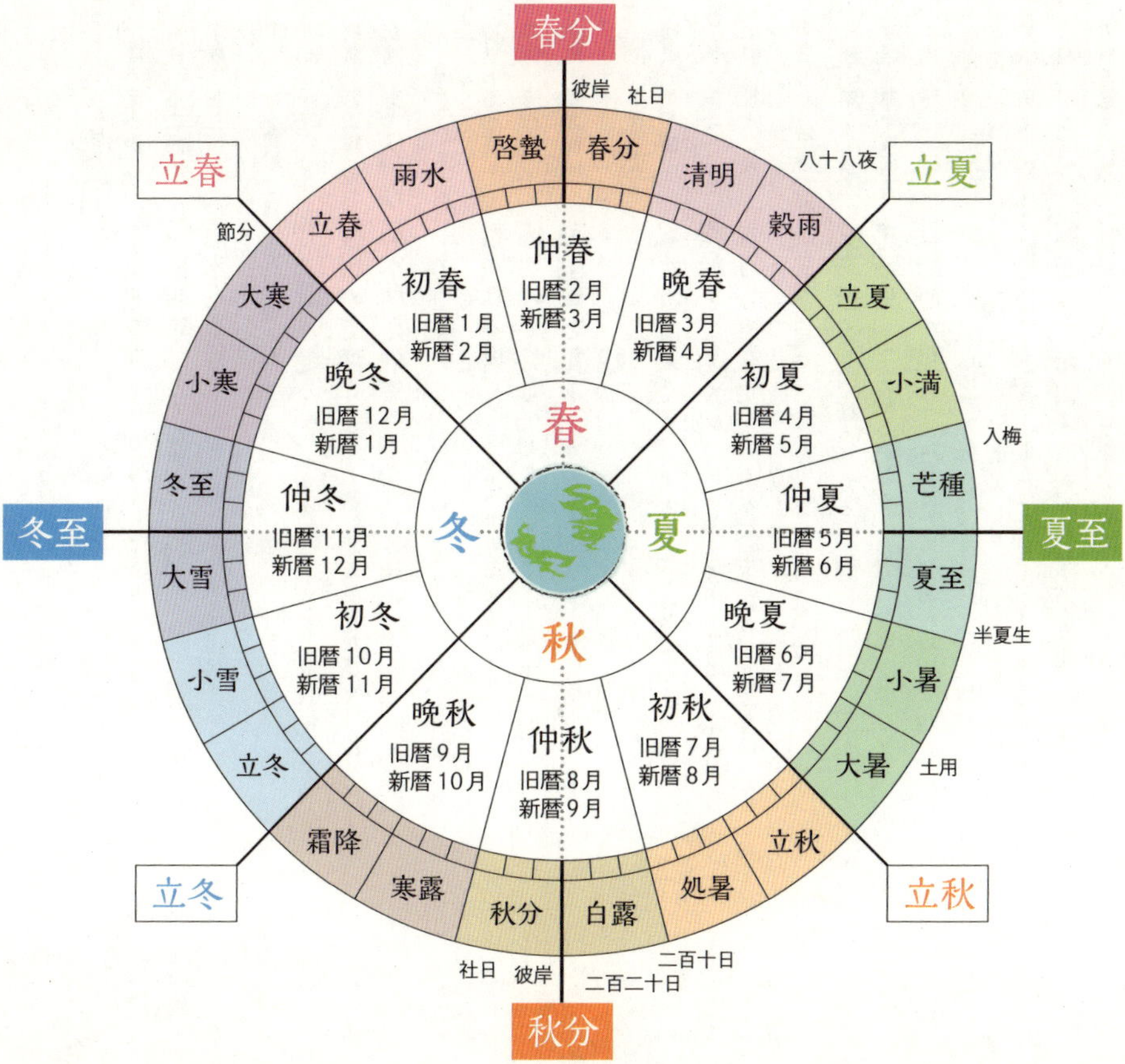

春

暦のはなし――二《に》十《じゅう》四《し》節《せっ》気《き》と七《しち》十《じゅう》二《に》候《こう》 2

初春

立春 りっしゅん 新暦二月四日頃 10

初候 第一候 東風凍を解く はるかぜこおりをとく 12
次候 第二候 黄鶯睍睆 うぐいすなく 14
末候 第三候 魚氷を上る うおこおりをいずる 16

雨水 うすい 新暦二月十九日頃 18

初候 第四候 土脉潤い起こる つちのしょううるおいおこる 20
次候 第五候 霞始めて靆く かすみはじめてたなびく 22
末候 第六候 草木萌え動る そうもくめばえいずる 24

仲春

啓蟄 けいちつ 新暦三月五日頃 26

初候 第七候 蟄虫戸を啓く すごもりむしとをひらく 28
次候 第八候 桃始めて笑く ももはじめてさく 30
末候 第九候 菜虫蝶と化る なむしちょうとなる 32

春分 しゅんぶん 新暦三月二十日頃 34

初候 第十候 雀始めて巣くう すずめはじめてすくう 36
次候 第十一候 桜始めて開く さくらはじめてひらく 38
末候 第十二候 雷乃ち声を発す かみなりすなわちこえをはっす 40

晩春

清明 せいめい 新暦四月四日頃 42

初候 第十三候 玄鳥至る つばめきたる 44
次候 第十四候 鴻雁北 こうがんかえる 46
末候 第十五候 虹始めて見る にじはじめてあらわる 48

穀雨 こくう 新暦四月二十日頃 50

初候 第十六候 葭始めて生ず あしはじめてしょうず 52
次候 第十七候 霜止みて苗出ずる しもやみてなえいずる 54
末候 第十八候 牡丹華さく ぼたんはなさく 56

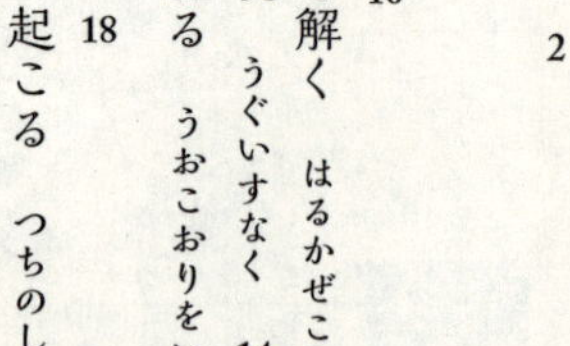

夏

秋

冬

初冬

立冬 りっとう　新暦十一月七日頃　154

初候　第五十五候　山茶始めて開く　つばきはじめてひらく　156

次候　第五十六候　地始めて凍る　ちはじめてこおる　158

末候　第五十七候　金盞香　きんせんかさく　160

小雪 しょうせつ　新暦十一月二十二日頃　162

初候　第五十八候　虹蔵れて見えず　にじかくれてみえず　164

次候　第五十九候　朔風葉を払う　きたかぜこのはをはらう　166

末候　第六十候　橘始めて黄ばむ　たちばなはじめてきばむ　168

仲冬

大雪 たいせつ　新暦十二月七日頃　170

初候　第六十一候　閉塞く冬と成る　そらさむくふゆとなる　172

次候　第六十二候　熊穴に蟄る　くまあなにこもる　174

末候　第六十三候　鱖魚群がる　さけのうおむらがる　176

冬至 とうじ　新暦十二月二十一日頃　178

初候　第六十四候　乃東生ず　なつかれくさしょうず　180

次候　第六十五候　麋角解つる　さわしかのつのおつる　182

末候　第六十六候　雪下りて麦出ずる　ゆきわたりてむぎいずる　184

晩冬

小寒 しょうかん　新暦一月五日頃　186

初候　第六十七候　芹乃栄う　せりすなわちさかう　188

次候　第六十八候　水泉動　しみずあたたかをふくむ　190

末候　第六十九候　雉始めて雊く　きじはじめてなく　192

大寒 たいかん　新暦一月二十日頃　194

初候　第七十候　款冬華さく　ふきのはなさく　196

次候　第七十一候　沢水腹堅める　さわみずこおりつめる　198

末候　第七十二候　鶏始乳　にわとりはじめてとやにつく　200

索引　202

おわりに　207

立春《りっしゅん》

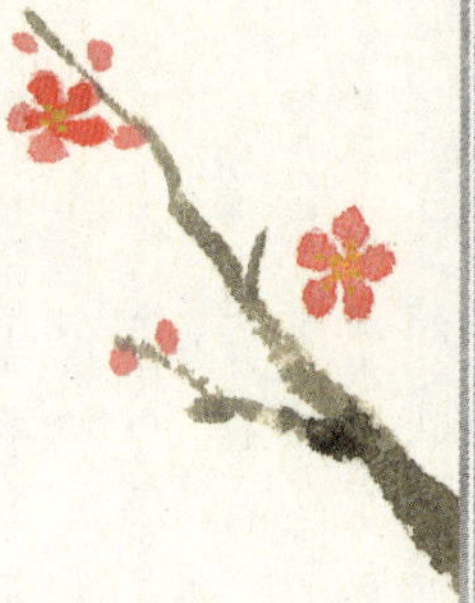

春の気、立つをもってなり

二十四節気の解説は、『暦便覧』太玄斎著（一七九八）よりの引用。
現代語として意味の通りやすい漢字やふり仮名、句点を付しています。

今日何も彼《か》もなにもかも春らしく

稲畑汀子

第一候

東風凍を解く

はるかぜこおりをとく

初春。旧暦正月節。「立春」最初の候。春の風が、川や湖の氷を解かしはじめるころ。


「立春」は、二十四節気ではじまりの季節。八十八夜、二百十日も、立春の日から数える。

旧暦の元日は、立春前後の新月（朔日）。立春が正月前にくれば「年内立春」、後にくれば「新年立春」。

立春と元日が偶然重なる年は「朔旦《さくたん》立春」で、縁起がよいとされた。

「東風解凍」からはじまり、ウグイスが鳴く「黄鶯睍睆」、魚が氷にのぼる「魚上氷」の三候。

＊季のことば

【東風】こち

春の季語

立春の早朝、鬼門に「立春大吉」と書いた札を貼る習慣があります。この日を境にして、気温は上昇し、春に向かいます。このころに吹く、南よりのやわらかな風を「東風《こち》」と呼びます。中国の五行思想では、東は春を意味します。そのため春風を「東」風と書きます。

東風《こち》吹かば　にほひをこせよ　梅の花
主《あるじ》なしとて　春を忘るな
菅原道真

春の風のなまえいろいろ

・風光る…春の日の光の中を渡る風
・朝東風《あさこち》…春の朝に吹く風
・梅風《ばいふう》…梅の香りを運ぶ風
・雪解風《ゆきげかぜ》…雪解け頃の暖かい風
・木の芽風…木の芽を吹きださせる風
・貝寄《かいよせ》…浦に貝を吹き寄せる風
・花信風《かしんふう》…花が咲くのを知らせる風
・彼岸西風《ひがんにし》…彼岸のころに吹く西風
・清明風《せいめいふう》…春分の後に吹く爽やかな南東の風

＊ 季のならわし

【初午詣《はつうまもうで》】

二月になってはじめての午《うま》の日は、京都の伏見稲荷大社をはじめ、全国の稲荷神社でお祭りが行なわれます。この日にお参りすることを福参りとも。五穀豊穣や商売繁盛を祈願し、稲荷神の使いであるキツネに、好物の油揚げや団子を供えます。

初午稲荷《はつうまいなり》

［材料8個分］

米1合
すし酢　30cc
油揚げ　4枚
水200cc　┐
酒　大さじ2　│
みりん　大さじ2　│ A
砂糖　大さじ2　│
しょうゆ　大さじ2　┘

①米はかために炊く。炊きたてにすし酢を混ぜて冷ます。
②横半分に切った油揚げを鍋に入れ、Aを加えて煮る。
③油揚げが冷めたら汁気を軽く切り、すし飯をつめる。

＊ 季の草花

【蕗の薹《ふきのとう》】

いたるところでフキノトウが顔を出しているのを見つけ、トウが立つ前に摘んでしまいます。家に戻って蕗味噌にしたり、天ぷらにしたり。噛みしめると、独特の香りと早春のほろ苦さが口中に広がります。

蕗味噌《ふきみそ》

［材料］

フキノトウ　7～8個
味噌・みりん・砂糖　各大さじ3
油（ごま油でも）　適量

①フキノトウを半分に切り、水にさらす。
②水気を切って細かく刻み、油で炒める。
③味噌・みりん・砂糖を入れ、弱火で練り混ぜながら煮つめる。

候のメモ　二月八日は、針供養の日。大切な道具のお手入れをしましょう。

立春・次候・黄鶯睍睆

旧暦一月・如月

第二候

黄鶯睍睆《うぐいすなく》

ウグイスが山里で鳴きはじめるころ。「睍睆《けんかん》」とはよい声で啼く様子のこと。

奥山住まいの　ウグイスは　梅の小枝で　昼寝して
春が来るような　夢をみて　ホケキョホケキョと　鳴いていた♪

と、沖縄の俗謡でも歌われるように、「梅に鶯」は春の象徴。

中国での「黄鶯《こうおう》」は、高麗鶯《こうらいうぐいす》のこと。春を告げる鳴き声のよい鳥だが、ウグイスとは別種。

＊ 季のことば

【鶯】うぐいす

春の季語

「ホーホケキョ」と高らかにさえずり、春が来たことを告げてくれます。ウグイスの別名は「春告げ鳥」。けれど「声はすれども姿は見せず」。ウグイスは警戒心が強い鳥で、常にヤブや茂みの中に身を隠しています。

現在、「ウグイス色」といえば若葉のような淡い緑を連想しますが、実際のウグイスは、灰色がかったくすんだ緑色をしています。

【初音】はつね

春の季語

その年の、はじめて聞くウグイスの声を「初音」といいます。最初はまだぎごちなく、やがては朗々たる声を響かせます。

鳥のさえずりは、求愛となわばり宣言。「ケキョケキョ」と飛びながら鳴く声を、「谷渡り」と呼びますが、なにかを警戒しています。

恋の季節以外では、ウグイスは「チャッ、チャッ」と地味に鳴いています。笹ヤブの中から聞こえてくるので「笹鳴き」と呼びます。

季のとり

【目白《めじろ》】

初春から早春にかけて、梅が白や淡い紅、紅色の花を咲かせます。さて、「梅に鶯《うぐいす》」は、「紅葉に鹿」と同様、取り合わせがよいふたつのもの、美しく調和するものの例え。万葉集でも春の歌の題材とされ、花札の二月の絵柄にもなっています。梅の枝にとまっている緑色の小鳥。実際は、たいていの場合ウグイスではなく、メジロです。メジロは花の蜜が好物で、つがいでやって来ては「チーチー」と鳴き交わし、忙しく動き回ります。抹茶のような色の身体に、目のまわりがぐるりと白く、とても可愛らしい小鳥です。

「梅に鶯《うぐいす》」ならぬ「梅に目白《めじろ》」。勝るとも劣らぬ春の風物詩です。

季のおかし

【鶯餅《うぐいすもち》】

淡い緑の「ウグイス色」をした、二月の和菓子。両端が少し尖った形も、小鳥に似ています。食せばやわらかく、粉がほろほろ零れます。

［材料］
白玉粉　80g
砂糖　小さじ1
水　150cc
こしあん　200g
青大豆きな粉　適量

①耐熱ボウルに白玉粉・水・砂糖を入れてよく混ぜる。
②電子レンジで600w1分。混ぜたあとまた1分。さらに混ぜてもう1分。
③きな粉を入れたバットの上に、水で濡らしたすりこぎ棒でつく。
④②をのせてまぶす。
④③を分けてこしあんを包み、継ぎ目を下におく。
⑤ウグイスに似せて形づくり、上からきな粉をまぶす。

候のメモ

立春を過ぎて春分までに吹く南寄りの風が「春一番」。寒さの戻りに気をつけて。

立春・末候・魚上氷

第三候

魚氷を上る

うおこおりをいずる

春の風に氷が割れ、氷の下にいた魚が跳ねあがるころ。

俳句では「魚氷《うおひ》に上《のぼ》る」という初春の季語。
暦の上で春が立ち、それでも続く寒さを「余寒《よかん》」「春寒《はるさむ》」という。
東風《こち》が氷を解かし、ウグイスが鳴き、魚は氷の間から躍りあがった。
春を告げる兆しは三つ。そして「立春」は終わり、次の節気がはじまる。

＊季のことば

【薄氷】うすらい

春の季語

立春も十日を過ぎ、少しずつ春の気配が立ちのぼってくるころ。うすうすと張る氷を「薄氷《うすらい》」といいます。「うすごおり」でもよいのですが、「うすらい」という呼び名には風情があります。春先の氷はまだ割れないまでも、あたたかい東風に薄くなり、その下で魚たちが動きはじめているのが透けて見えてくるようです。

＊季のさかな

【公魚】わかさぎ

十月から三月にかけてが漁期で、分厚く氷の張った湖面に穴を開けて釣る、「氷上の穴釣り」が有名。天ぷらや空揚げにして食します。漢字の由来は、江戸時代、常陸の国の麻生藩が、霞ケ浦産のワカサギを、時の将軍に献上したことから。「ご公儀用の魚」の意味です。

季のならわし

【梅見《うめみ》】

奈良時代に、中国より渡ってきた梅。果実が薬用になるだけでなく、紅、白と色さまざま。花美しく香りも高く、一足早く春の到来を知らせてくれます。

別名「春告草《はるつげぐさ》」、「風待草」。

平安時代の初期まで花見といえば梅でしたが、やがて同じバラ科の桜の方に人気が移ります。

梅の名所で知られる、茨城県水戸市の「偕楽園《かいらくえん》」では二月下旬より一カ月間、「梅まつり」が開催されます。

かつて、「立春」の次候は「梅花乃芳し（うめのはなかんばし）」でした。

青空のいつみえそめし梅見かな　久保田万太郎

季のやさい

【水菜《みずな》】

京都の伝統野菜のひとつで、冬から早春にかけてが旬。シャキシャキとした食感が魅力的で、大阪の「はりはり鍋」には欠かせません。

昔は脂身のついた鯨肉を使いました。

豚肉と水菜の「はりはり鍋」

［材料］

豚ばら肉　400g
水菜2~3束（適当な長さに切る）
油揚げ　2枚（油抜きをしておく）
A：だし汁　100cc
　みりん　50cc
　酒　50cc
　しょうゆ　大さじ3
塩　適量

①鍋にAを入れて火にかける。
②沸騰したら細く切った油揚げ、豚肉を入れて煮る。
③水菜を、食べる分だけ入れる。ポン酢などでいただく。

候のメモ　二月十四日はバレンタインデー。ラム酒を入れたホットショコラはいかがでしょう。

雨水《うすい》

陽気地上に発し
雪氷解けて雨水となればなり

雪ながら山もと霞む夕べかな

宗祇《そうぎ》

第四候

土脉潤い起こる

つちのしょううるおいおこる

旧暦正月中。「雨水」最初の候。大地が、春先の雨や雪解水にうるみ、脈打つこころ。

大地の中では水脈が流れ、地層は連なり、空気を含み、たくさんの命が息づいている。春の鼓動に合わせて、土は潤って隆起する。「土脉」の「脉」は脈の俗字で、「土脈」のこと。「雨水」は、雪が雨となり、氷が解けて水となる季節。昔はこのころ農業準備をはじめた。「土脉潤起」からはじまり、霞がたなびく「霞始靆」、草木が芽吹く「草木萌動」の三候。

* **季のことば**

【春の泥】

はるのどろ

春の季語

春のぬかるみのこと。春泥《しゅんでい》とも。やさしい雨が降るごとに、固く閉じていた大地が、水を含んでやわらかくなっていきます。凍解《いてどけ》や雪解《ゆきげ》の水も加わり、さらに大地はぬかるみます。眠っていた生き物たちが目覚めて、土の外に出てくるのも間近です。

* **季のやさい**

【蕪】

かぶ

日本では千年以上も前に渡来し、なじみの深い野菜のひとつ。春の七草の「すずな」はカブのこと。「かぶら」とも言います。聖護院かぶらの千枚漬けは有名です。ロシアでも親しまれている根菜で、「おおきなかぶ」という民話に登場します。シチューのボルシチには赤いカブ（ビーツ）を使います。

＊ 季のうみのもの

和布
わかめ

コンブに似た緑褐色の海藻で、ほとんど全国の近海に生えます。

日本人は海藻を好んで食べる民族。

海苔、青海苔《あおさ》、鹿尾菜《ひじき》など多くの名前が浮かんできます。ワカメは古代より、ことのほか愛好され、万葉集にも「稚海藻（わかめ）」の名が見られます。

「め」とは食用にする海藻の総称ですが、特にワカメをさします。「和布刈《めかり》」は、ワカメを刈ることで、解禁日は地域差はありますが、二月～四月になります。

福岡県の「和布刈《めかり》神社」では、旧暦の元日早朝に、神殿の前の海岸で三人の神職がそれぞれ松明《たいまつ》・手桶・鎌を持ってワカメを刈り採り、神前に供える「和布刈《めかり》神事」が行われます。

＊ 季のよもやま

獺の祭
おそのまつり

日本でも十七世紀まで使われた、中国の「宣明暦」。その七十二候の第四候は、「獺祭魚（かわうそうおをまつる）」でした。カワウソが、獲った魚をにぎやかに自分の周囲に並べている姿を、まるで神様にお供えしているようだとして、「獺祭《だっさい》」。転じて、多くの書籍をひろげ散らかすこと。俳人の正岡子規はそれにちなんで、「獺祭屋《だっさいや》主人」を名乗りました。

ほかにも不思議な名前の季節があり、「豺乃祭獣（さいすなわちけものをまつる）」。山犬が獲った獣を並べて祭るという意味で、「霜降」初候の第五十二候でした。どちらも、今では「幻の候」。カワウソもオオカミも、どこかへ姿を消してしまいました。

候のメモ　ひな人形は、水神にあやかり「雨水」の大安日に飾るとよいそうです。

第五候

霞始めて靆く《かすみはじめてたなびく》

春の山野に、春霞が横長に薄く棚引《たなび》きはじめるころ。

大地が潤いを帯びると、大気中に水蒸気が立ち込めはじめる。霞とは、霧や靄《もや》のため、遠くの景色がぼやけている現象をさす。冬と春のせめぎ合いの中で、気象も人間もゆらゆらと不安定な季節。気象学的に「霞」は定義がなく、春の情趣を含んだ文学的な表現となる。

＊季のことば

【朧月《おぼろづき》】

春の季語

ぼんやりと霞んだ春の月を「朧月」といいます。「霞」も「朧」も、どちらも霧のこと。春の霧を「霞」と呼び、春の夜の霧を「朧」と呼びます。うるんだ月は、ことのほか春らしい風情です。

【佐保姫《さほひめ》】

春の季語

佐保姫は、若々しい春の女神です。奈良の平城京の東には佐保山、西には龍田山があり、佐保山の佐保姫は春をつかさどり、龍田山の龍田姫は秋をつかさどります。佐保山を取り巻く薄衣のような春霞は、佐保姫が織りだすものと和歌にもうたわれています。

＊ 季のとり

【雲雀《ひばり》】

春になると野や畑に出て、「ピーチュルピーチュル」と高くさえずりながら垂直に天高く舞いあがります。その姿を「揚げ雲雀」といいます。そしてひとしきり鳴いては一直線に降りてきます。それが「落ち雲雀」。

ウグイスとともに春を告げる鳥として親しまれています。

いちめんのなのはな
いちめんのなのはな
いちめんのなのはな
いちめんのなのはな
いちめんのなのはな
いちめんのなのはな
いちめんのなのはな
ひばりのおしやべり
いちめんのなのはな
（山村暮鳥「風景」より）

＊ 季の草花

【菜の花《なのはな》】

菜の花や月は東に日は西に　与謝蕪村

春、一面にひろがる黄色い菜の花畑は、代表的な春の風物詩です。そのため詩や歌に多く登場します。

菜の花が咲くころの、霞みのかかった朧月のことを「菜種月」と呼び、同時期の長雨は「菜種梅雨」といいます。

実は、「菜の花」という名前の花はなく、アブラナ科の黄色い花の総称です。普段よく見ている菜の花は、アブラナ、セイヨウアブラナ、カラシナです。ブロッコリーやチンゲンサイ、白菜などもアブラナ科で、とてもよく似た黄色い花を咲かせます。一般的に食用として食べられているのは「菜花（ナバナ）」です。

候のメモ　インフルエンザや風邪に注意する時期。部屋の温度・湿度管理が大切です。

雨水・末候・草木萌動

旧暦一月・弥生

第六候

草木萌え動る《そうもくめばえいずる》

みずみずしく草や木が芽吹くころ。草の芽が萌え出る「草萌え」の季節。

「雨水」最後の候。旧暦三月三日は桃の節句。桃の開花がはじまるのは、三月の中旬。旧暦での行事である節句を、新暦の日付のままで行うと、実際の季節とは合わない。そのためひな祭りを「月遅れ」の四月三日、桃の花の盛りに行う地域もある。

大地が潤い、山野が霞み、草や樹木が芽吹きはじめた。そして次の節気に移る。

＊季のことば

【ものの芽】もののめ

春の季語

「石《いは》走る垂水の上のさわらびの　萌えいづる春になりにけるかも」と詠んだのは、万葉の歌人にして天智天皇の皇子、志貴皇子《しきのみこ》。

この時期、もろもろの草木が芽を出しはじめます。その兆しが「萌えいづ」です。どの芽と特定することなく、なにやらの芽と大きく総称するのが「ものの芽」。おおらかな春の息吹を感じる言葉です。

五節句について

「節」とは季節の節目のこと。無病息災・子孫繁栄・五穀豊穣を祈り、お供えものをして、旬の植物で邪気を祓います。本来は「節供」と書きます。人日《じんじつ》（正月七日）・上巳《じょうし》（三月三日）・端午《たんご》（五月五日）・七夕《しちせき》（七月七日）・重陽《ちょうよう》（九月九日）の五節句は中国から伝わり、江戸幕府によって「式日《しきじつ》」として、定められました。明治時代、改暦と同時に廃止されましたが、現在も年中行事として親しまれています。

＊ 季のならわし

上巳の節句
じょうしのせっく

五節句のうちのひとつ。「桃の節句」「ひな祭り」とも。起源は古代中国にあります。

旧暦三月の最初の巳の日に、中国では水辺で穢れを祓う「上巳節」がありました。それが日本の宮中に伝わり、やがて草や紙でつくった「人形《ひとがた》」に厄を移して川や海へ流すようになります。

この「流しびな」が、女の子の「ひいな遊び」と結びつき、江戸時代には三月三日が桃の節句と定まりました。豪華なひな人形を飾る盛大な「ひな祭り」が流行したのもこのころです。

ひな祭りの行事食は、ひし餅、ひなあられ、はまぐりの潮汁、白酒、ちらし寿司など。

開花時期には早いのですが、邪気を祓う桃を飾り、女の子の健やかな成長を祝います。

菱餅
ひしもち

ひし餅の三色は春の情景を表していて、白は雪、緑は新芽、赤は桃です。

白はひしの実、緑はヨモギ、赤は梔子《くちなし》で色づけします。

[材料]
水　400cc
小麦粉　150g
砂糖　70g
抹茶　小さじ1
食紅（赤）少々

①小麦粉と砂糖をふるう。
②3等分し、赤、白、緑の3色つくる。
③それぞれに水を加えて混ぜる。
④耐熱容器に入れてラップし、600W電子レンジで6～7分。3回くりかえし、重ねて切る。

候のメモ　三月三日を過ぎたら、ひな人形を「啓蟄」のころまでには片づけましょう。

啓蟄《けいちつ》

陽気地中に動き、ちぢまる虫、
穴をひらき出ずればなり

地虫出づ穴に日射のあまねかり

高浜年尾

啓蟄・初候・蟄虫啓戸

第七候

蟄虫戸を啓く《すごもりむしとをひらく》

仲春。旧暦二月節。「啓蟄」最初の候。冬ごもりしていた地中の虫が、姿を現すころ。

「啓蟄」は寒さがやわらぎ、七十二候にも春らしい色彩が出そろう季節。春の陽射しが土の中まで届き、動物や昆虫達も、冬眠からの目覚めのときを迎える。実際には、最低気温が五度を下回らなくなり、平均気温が十度以上になってから。「蟄虫啓戸」からはじまり、桃が咲く「桃始笑」、青虫が蝶となる「菜虫化蝶」の三候。

＊ **季のことば**

【虫穴をいづる《むしあなをいづる》】

春の季語

春は、虫がうごめく季節。うごめくは「春」の下に虫をふたつならべて、「蠢く」と書きます。その昔、鳥でも魚でもない小動物はすべて「虫」と分類していました。ミミズやカエル、カタツムリも「虫」ですし、蛇は「長虫」です。このころに鳴る雷は、「虫出しの雷」。どん、という音に驚いて、飛び出してくるのでしょうか。

＊ **季のやまのもの**

【楤芽《たらのめ》】

言わずと知れた「山菜の王者」です。古来から、ウコギ科タラノキの新芽は、ほろ苦さや歯ごたえ、深みある味わいを愛されてきました。天ぷらが一番おいしいとも言われますが、味噌和えなどにもします。タラノキは、山野に自生していますが、葉や茎に鋭いトゲがあります。注意しながら新芽を摘みます。

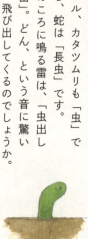

＊季のやまのもの

【土筆】つくし

ツクシは春の使者。地面から、つんつんと筆のような頭が伸びているのを見つけると、ワクワクします。杉菜《すぎな》の胞子茎。

土筆の佃煮

［材料］
ツクシ　140g（はかまを取ったあと）
ごま油　少々
醤油　大さじ1½
砂糖　10g
みりん　小さじ2
昆布だしの素　少々
いりごま　少々
（醤油〜いりごま：A）

①はかまを取ったツクシは、流水できれいに洗う。
②たっぷりの熱湯で湯がいてサルにあげ、お湯を切る。
③鍋にごま油をひき、中火で2分ほど炒める。
④Aを入れて、火を弱めてさらに炒め水分をとばす。
⑤皿に盛り、いりごまをパラパラとかけて、できあがり。

食べられる春の野草いろいろ

・蒲公英《たんぽぽ》…花や葉、根も食べられます
・母子草《ははこぐさ》…キク科。別名「ゴギョウ」。春の七草のひとつ。草餅の材料にもします
・嫁菜《よめな》…キク科。刻んで菜飯にしてもおいしい
・野蒜《のびる》…葱の仲間で、球根状の根元を食べます。さっとゆでて酢味噌でいただいても
・行者大蒜《ぎょうじゃにんにく》…葱の仲間。香りが強く草全体が食用になります
・酸《す》い葉《ば》…タデ科。スカンポともいいます
・南天萩《なんてんはぎ》…マメ科。和え物や天ぷらに

☆野草には命にかかわるような毒草もあります。十分に注意しましょう。

候のメモ　春のガーデニングに向けて、庭などの土づくりをはじめるころです。

啓蟄・次候・桃始笑

第八候

桃始めて笑く

ももはじめてさく

桃の花が咲きはじめるころ。花が咲くことを「笑う」という。

つぼみが、まるで美人がほほ笑むようにふっくらと開いていく。桃の花は多産の象徴。どこか艶のある春の風情が漂いはじめる。

「咲」という漢字は、元来「口＋笑」。「ほほ」と口を細めて笑う様子。「山笑う」は新緑が萌え、花が咲く山の様子をいう春の季語。

旧暦二月・弥生

＊ 季のことば

【桃の花】

もものはな

春の季語

新暦の桃の節句には遅れますが、この時期になるとようやく桃の花のつぼみがほころび、花開きます。バラ科の樹木は、はなやかで実も食べられるものが多く、七十二候には桃、桜、梅が登場します。桃も梅も、古代中国から日本に渡来した植物。そう思うと、異国情趣がそこはかとなく漂ってくるようです。

【青き踏む】

あおきふむ

春の季語

古代中国では、旧暦上巳の節句頃に、郊外の春の野山に遊ぶことを「踏草《とうせい》」といいました。空の下でお弁当をひろげ、若草を摘み、沐浴もして、心身をリフレッシュします。いわば春のピクニックです。「春遊《しゅんゆう》」ともいいます。日本にもその風習は伝わり、連れ立って野に行き、籠いっぱいにヨモギや嫁菜《よめな》などの野草を摘むことは、貴賤を問わず、とても楽しいことでした。

【草餅《くさもち》】

ひな祭りでは、採ってきたヨモギを草餅にして供えるならわしがあります。ヨモギ餅とも。

[材料10個分]

上新粉　200g ┐
白玉粉　30g │
砂糖　60g │ A
塩　少々 │
ぬるま湯　180cc ┘
ヨモギ　50g
重曹　小さじ1/4

①湯に重曹を入れ、ヨモギを入れて1〜2分煮る。
②冷水にさらしアクを取って固く絞る。
③②を包丁で刻み、すり鉢でさらに細かくすりつぶす。
④ボウルにAを入れ、ぬるま湯を少しずつ加える。
⑤④と下ごしらえしたヨモギをすり鉢でつきながら混ぜる。
⑥火が通りやすいように⑤をちぎって平らにする。
⑦蒸し器で20分蒸す。
⑧⑦を手水をつけて10等分に丸めて、できあがり。お好みであんこやきな粉を。

桃の伝説

桃の原産地の中国では、桃は仙人の樹木・果実と考えられています。「桃源郷」といえば、仙人の住む理想郷のこと。今でも中国では、祝い事に桃の実の形をした「桃饅頭」を食べます。

伝説では、仙女「西王母《せいおうぼ》」は、三千六百本の桃が植わる桃園を持つと言われています。名を「蟠桃《ばんとう》園」。手前の千二百本は三千年にひとたび花咲き、三千年にひとたび実ります。真ん中の木は六千年に一度、奥の木は九千年に一度。

食べると仙人となり、不老不死となれる仙果《せんか》です。この桃園の管理を任されたのが、かの孫悟空。西王母の誕生日を祝う会で食べるはずだった桃の実を、孫悟空はすっかり食べてしまいます。

日本でも中国と同じように、桃は邪気を祓うと考えられています。日本神話のイザナギは、鬼女の黄泉醜女《よもつしこめ》に桃の実を投げつけますし、『桃太郎』は桃から生まれて鬼を退治します。

ちなみに、西王母の誕生日は三月三日。桃の節句の日です。

候のメモ　奈良の東大寺二月堂では、三月十二日の深夜「お水取り」が行われます。

啓蟄・末候・菜虫化蝶

第九候

菜虫蝶と化る《なむしちょうとなる》

菜を食べる青虫が蝶となるころ。「啓蟄」の最後の候。

「菜虫」とは、白菜などの葉を食べる虫のこと。特にモンシロチョウの幼虫はその代表。厳しい冬を過ごした幼虫は、春の訪れとともにサナギから蝶となり、はなやかに群れ飛ぶ。地の虫が目覚め、桃の花が咲き、蝶が舞う。「啓蟄」は過ぎ、次の節気がはじまる。

旧暦二月・弥生

＊ 季のことば

初蝶《はつちょう》

春の季語

年が明けて春となり、その年はじめて目にする蝶のことを「初蝶」といいます。蝶は春から秋にかけて、何回か世代を繰り返します。秋に生まれてしまった幼虫は、厳しい冬をサナギの姿で越し、春の気配が野に満ちるころに、蝶へと変身して空を舞います。

春眠《しゅんみん》

春の季語

蝶になった夢を見ていたのか、それとも蝶が見ている夢なのか――蝶となってひらひら飛んでいた夢から覚めて、自問自答の「胡蝶の夢」ではないけれど、心地良さに朝寝をしてしまうような春の眠りを「春眠」といいます。唐の孟浩然の詩「春眠暁を覚えず」に由来し、夢と現《うつつ》を行き来するような、春の風情を感じさせてくれる言葉です。

季のならわし

十六団子の日《じゅうろくだんごのひ》

三月十六日は、田の神が山から下りてくる日とされています。東北では、神を迎えるため、十六個の団子をつくり、枡の中に入れてお供えします。この団子が「十六団子」です。田の神は山の神でもあり、豊作をもたらします。

秋になる十月十六日、または十一月十六日。山に帰る神へのお見送りの団子を供えます。

［材料］

上新粉（白玉粉でも）　150g

片栗粉　大さじ1½

砂糖　お好みで

熱湯　130cc

①材料をボウルに入れて、お湯を加えて菜ばしで混ぜ合わせる。

②全体に混ざったら手でよく混ぜる。

③16等分に分けて丸く形を整える。

④鍋にお湯を沸騰させ、③を入れる。

⑤浮いて来たら1～2分ゆでて、冷水にとってできあがり。お好みでゆで小豆や黒蜜をかけてもおいしい。

季の草花

酢漿草《かたばみ》

季語では「夏」ですが、この時期から日当たりのよい場所に、群生して花を咲かせています。

花は黄色で小さいけれど、とても愛らしい。日がかげったり、夜になると葉っぱを折りたたんで眠ります。「片喰」とも書きます。

漢字の由来は、葉や茎が酸っぱいことから。三つ葉の葉は姿よく、家紋の図案にも多く使われています。

菫《すみれ》

高さ十センチくらいの可憐な花。はなやかな花が次々に咲く季節にあって、道端にひっそりと佇んでいます。

菫ほどな小さき人に生まれたし

夏目漱石

候のメモ　寒さを防ぐために閉め切っていた北窓を開き、風や光を入れます。

春分《しゅんぶん》

日、天の中《ちゅう》を行きて、昼夜《ちゅうや》等分のときなり

初ざくらみづうみ碧く冷えにけり

日野草城

春分・初候・雀始巣

第十候

雀始めて巣くう

すずめはじめてすくう

旧暦二月中。「春分」最初の候。雀が巣づくりをはじめるころ。

昼の時間が少しずつ伸び、多くの鳥たちが繁殖期を迎える。節気「春分」は昼と夜の時間が同じで、真西に日が沈む。天文学的には、春分から夏至の前日までが「春」となる。「雀始巣」からはじまり、桜が咲く「桜始開」、雷の鳴る「雷乃発声」の三候。

旧暦二月・弥生

＊ 季のことば

【孕雀】 はらみすずめ

春の季語

百千鳥《ももちどり》の季節。春の野山や森で、一斉に百の小鳥がさえずり、恋をして巣をつくります。なかでも雀は人間の生活に身近。人家の屋根瓦のすきまや石垣の穴などに巣づくりをして、孕むと巣にこもります。オスはメスのそばにいて、敵が近づくとやかましく騒ぎ立てます。あまりに見慣れた野鳥ですが、近年はひっそりと数を減らしているそうです。

【物種蒔く】 ものだねまく

春の季語

「物種」とは草木の種の総称。春この時期に、五穀や野菜、草花などの種を蒔くことをいいます。五穀とは、米・麦・豆・粟・黍《きび》または稗《ひえ》のことです。ちなみに稲の種、つまり籾《もみ》は含まれません。単に「種蒔き」というときは、籾《もみ》を蒔くことを意味します。

＊季の草花

蒲公英《たんぽぽ》

タンポポは、春の野草のなかでも、とりわけ人々に親しまれています。在来の日本タンポポと、帰化した西洋タンポポがありますが、今、多く見られるのは西洋タンポポです。タンポポの根っこは焦がして焙し、タンポポコーヒーにも。

＊季のならわし

彼岸《ひがん》

お彼岸は年に二回、春と秋にあります。春分と秋分の日を「中日《ちゅうにち》」に、それぞれ前後三日ずつ計七日間です。「彼岸」とは、本来は悟りの境地のことです。
お彼岸は、他の仏教国にはない日本だけの行事です。春の種蒔きや秋の収穫など農事とむすびついたとも、真西に日が沈むことから、西を極楽浄土とする仏教の考え方とつながったともいわれます。

＊季のおかし

ぼた餅《ぼたもち》

先祖に供えるお彼岸の和菓子。春には牡丹の花が咲くから「ぼた餅」、秋には萩の花にちなんで「おはぎ」。同じくもち米をあんでくるんだお菓子なのに季節によって名前を変えます。

[材料12個分]
もち米　1合
粒あん　300g
(市販品でもよい)

①もち米をとぎ、水につけて5～6時間おく。
②水を加え①を炊き、15分蒸してからすりこぎでつぶす。
③熱いうちに手水をつけながら俵型にする。
④あんの1個分をラップにひろげて③をひとつのせて包み込む。
⑤できあがり。お好みできな粉の衣をつけてもおいしい。

候のメモ　この季節、ヨモギの葉を布袋に入れ、浴槽に浮かべて楽しみましょう。

春分・次候・桜始開

旧暦二月・弥生

第十一候

桜始めて開く

さくらはじめてひらく

桜が咲きはじめるころ。

桜の開花時期が近づくと、日本人はそわそわしはじめる。古来、田の神が山から下りて宿る木とされ、満開の桜はその年の豊作を告げたという。現在は卒業や就職など、人生の大きな節目を見守ってくれる花でもある。

＊季のことば

【花《はな》】

春の季語

歳時記で、「花」といえば桜。今、もっとも多く植えられているのは、江戸末期に品種改良された「染井吉野（ソメイヨシノ）」。接ぎ木で増やすため、すべてのソメイヨシノは、一本の樹のクローンです。平安末期、西行法師が愛したのは、清楚な山桜。ほか彼岸桜、八重桜など、それぞれ美しさを競います。

さまざまのこと思い出す桜かな　　松尾芭蕉

桜にまつわる美しい言葉

・花霞…群がって咲く桜が霞のように白く見える様
・花明り…闇の中でもほの明るい満開の桜花
・花曇り…桜の咲く時期の曇り空
・花冷《び》え…桜が咲くころの、一時的な冷え込み
・花衣《はなごろも》…花見のときに着る衣装
・花疲れ…花見に出かけた後の心地良い疲れ
・花筏《いかだ》…水面に散った花びらが風に吹き寄せられて流れていく様子
・桜前線…日本各地の桜開花日をつないだ線。南から北上し、北海道に到着するのは五月

＊ 季のならわし

【花見《はなみ》】

桜が開花すると、花を愛でてそぞろ歩いたり、花下に敷物をひろげ、重箱につめた花見弁当や花見酒を飲食するなどして楽しみます。

【桜湯《さくらゆ》】

八重桜の半開きを塩漬けにした「桜漬け」。これに熱湯に注ぐと、ふくよかな香りが立って花を開きます。お祝いの席などにふさわしい。

＊ 季のおかし

【桜餅《さくらもち》】

あん入りの餅を、塩漬けした桜の葉で包んだ和菓子。小麦粉の皮であんこを巻いてあるのが関東風。関西風は、道明寺粉（もち米を蒸して乾燥させ粗びきしたもの）で皮をつくり、あんを包んだもの。つぶつぶした食感が特徴。

関東風桜餅

［材料8個分］
薄力粉　80g
白玉粉　大さじ1
砂糖　大さじ1
色粉（赤）少々
水　120cc
こしあん（市販品でよい）250g
桜の葉（塩漬け8枚　☆水にさらして塩気を抜いておく）

①ボウルに白玉粉と砂糖を入れて分量の水で溶く。
②別のボウルに薄力粉を入れ、①を加えて泡だて器でなめらかになるまで混ぜる。食紅を少量入れ、色づける。
③フライパンを熱し、少量の油を敷いてペーパーでふき取る。
④②の大さじ1弱を流し込み、スプーンの底で薄く伸ばす。
⑤表面が乾いたら竹串などで裏返してサッと焼き、網またはザルに取りだして皮をつくる。残りも同様に焼く。
⑥こしあんを8等分して水で濡らした手で俵型に形づくる。
⑦⑤の皮に⑥のあんをのせてくるりと巻き、さらに桜の葉を葉脈を外側にして巻く。できあがり。

候のメモ　唇のかさつきにはハチミツ。保湿効果抜群、天然のリップクリームです。

春分・末候・雷乃発声

第十二候

雷乃声を発す

かみなりすなわちこえをはっす

旧暦二月・弥生／卯月

春の訪れを告げるように、雷が鳴りはじめるころ。「春分」最後の候。「秋分」初候、第四十六候「雷乃収声」に対応している。雀が巣づくりをはじめ、桜が咲き、雷が鳴る。「春分」は過ぎ、次の節気がはじまる。

＊季のことば

【春雷】

しゅんらい

春の季語

春に鳴る雷のことを、「春雷《しゅんらい》」または「春の雷《らい》」と呼びます。夏の雷とは違って短く、一声二声程度で終わります。春の訪れを告げるめでたい春の雷ですが、雹《ひょう》を伴うこともあり、注意が必要です。日本では、雷は「神鳴り」あるいは「鳴る神」。雷の光が、稲を育て実りをもたらすと信じられたことから、雷光を稲の妻（あるいは夫）「稲妻」と呼ぶようになったといいます。

＊季の草花

【鬱金草】

うこんそう

チューリップの和名。トルコ原産で江戸時代に渡来。秋に球根を植え、春に花を咲かせます。オスマン帝国で愛された花ですが、十六世紀にヨーロッパに伝わると人気が高騰。異常な高値で取引された十七世紀の「チューリップ狂時代」は有名です。名前の由来は、トルコ人が巻いていた「ターバン」だといわれます。

チューリップ喜びだけを持っている　細見綾子

【木蓮】もくれん

街路樹として親しまれている木蓮。葉よりも前に六弁の大きい花を上向きに咲かせます。花が濃い紅色をしているものが「紫木蓮（シモクレン）」。やはり大型で白い花を咲かせるのが「白木蓮（ハクモクレン）」。

モクレン属の祖先は、はるか昔の約一億年前に誕生し、そのときから変わることなく同じ花の形のままだとか。

【辛夷】こぶし

同じモクレン科の辛夷は、木蓮に少し遅れて、似ている白い花を咲かせます。木蓮は、花が上向きですが、辛夷は全開します。

辛夷の開花を目安に農作業をはじめる地域も多く、「田打ち桜」「田植え桜」とも呼ばれます。

春に咲く花いろいろ

- 片栗《かたくり》…山地の樹の陰などに、ユリに似た紫色の花を下向きに開く
- 椿《つばき》…落花するときは、花びらが散らず、花全体が落ちる
- 木瓜《ぼけ》…バラ科。枝にトゲがある
- 猫柳《ねこやなぎ》…艶のある、銀色の猫の毛並みのような花穂をつける
- 沈丁花《じんちょうげ》…紫色の香りが高い花。白色もある
- 海棠《かいどう》…長い花柄に薄紅色のあでやかな花を垂れる
- 雪柳《ゆきやなぎ》…米粒ほどの真白な五弁の花が雪のように群がり咲く
- 勿忘草《わすれなぐさ》…ヨーロッパ原産
- 白詰草《しろつめくさ》…クローバーのこと
- 躑躅《つつじ》…高い山に自生し、庭園にも栽培される。全国各地に名所がある
- 山吹《やまぶき》…日本固有の花で、山吹色
- 連翹《れんぎょう》…枝が長くしないながら伸びて垂れ、明るい黄色の四弁の花が群がり咲く
- 梅桃《ゆすらうめ》…庭先などに植えられ、白色または淡い紅色の梅に似た小さな花を開く

候のメモ　新年度のはじまり。古いものはきれいさっぱり捨て、新しい気持ちに。

清明《せいめい》

万物発して清《せい》浄《じょう》明《めい》潔《けつ》なれば、
此《この》芽は何の草と知るるなり

清明の天より届く鳥の羽

都筑智子

清明・初候・玄鳥至

第十三候

玄鳥至る《つばめきたる》

晩春。旧暦三月節。「清明」最初の候。燕が南の国から渡ってくるころ。

「白露」末候、第四十五候「玄鳥去」と対応。

節気「清明」は、あらゆるものが春となり、天地が清々しく明るい空気に満ちる季節。

「玄鳥至」からはじまり、雁が北に帰る「鴻雁北」、虹が現れる「虹始見」、の三候。

＊季のことば

【燕来る】《つばめきたる》

春の季語

ツバメは渡り鳥で、春の到来を告げます。人家の軒下などに巣をかけ、害虫を食べることから、益鳥として親しまれている野鳥です。つばくらめ、つばくろとも。スマートな体形で、飛び方は鋭角的で速く、昆虫を空中で捕らえ、飛行しながら水を飲みます。環境の変化のためか、近年その数を減らしています。

初燕はや水を恋ひ水を打ち　大久保橙青

＊季の草花

【蓮華草】《れんげそう》

中国原産で、江戸時代に渡来。輪になって茎の先につく赤紫の花が、蓮の花に似ています。一面に咲いている様子が、紫色の雲のようなので「紫雲英《げんげ》」ともいいます。ハチミツのための、よい蜜源植物でもあります。

昭和まで、肥料として田や畑に植えられていましたが、地を埋めつくすようにレンゲソウが群れ咲き、その上をミツバチが飛び交う、といった春の風物詩も見られなくなりました。

旧暦三月・卯月

季のまつり

花祭《はなまつり》

旧暦四月八日は、お釈迦様の誕生日です。「灌仏会」「仏生会」とも。草花で飾った花《はな》御堂《みどう》の中、甘茶を入れた水盤の上に誕生仏像を祀り、柄杓で甘茶をかけて祝います。参拝客にも甘茶はふるまわれ、虫除けの効果があるとされます。誕生仏像は「天上天下唯我独尊」の伝説に基づき、天を右手で指さしています。

「甘茶」は、ユキノシタ科のガクアジサイの変種、アマチャからつくります。

農村では、同じ日を「卯《う》月《げつ》八《よう》日《か》」と呼び、山の神を田の神として祀り、豊作を願う農業儀礼を行いました。

西日本では「天道花《てんどうばな》」といって、藤やツツジなどの花を竿の先に結んで高く立て、山の神様が迷わぬよう目印にしました。

候のメモ　散る桜をしずめ、息災を祈る「やすらい祭り」。京都・今宮神社が有名。

季のさかな

桜鯛《さくらだい》

春に旬を迎える真鯛《マダイ》のこと。この時期、マダイは産卵のために群れをなして、内海にやってきます。鱗は桜のように鮮やかな色に染まり、それが桜の開花時期に重なることから、「桜鯛」、あるいは「花見鯛」と呼びます。瀬戸内海が有名。

魚には旬が二回あると言われますが、秋の鯛は「紅葉鯛《もみじだい》」と呼ばれ、こちらもおいしいです。

鯛は、百魚の王。正月の塩焼き、祝宴でのお造りなど、昔から一番のご馳走でした。鯛の刺身を醤油やみりん、酒、ごまだれに漬け込み、ごはんにだし汁をかけ、三つ葉を散らして食べる鯛茶漬けも、絶品です。

清明・次候・鴻雁北

旧暦三月・卯月

第十四候

鴻雁北《こうがんかえる》

雁が隊をつらねて、北の国へと帰ってゆくころ。

雁は夏をシベリアで、冬は日本で過ごす渡り鳥。ツバメがやってきて、雁は帰り、空の主役が交代する。「寒露」次候、第四十九候「鴻雁来」に対応している。

＊季のことば

【鳥雲に入る】《とりくもにいる》

春の季語

春、北方へ帰る雁などの冬鳥が、雲間はるかに消えていくこと。去り行く鳥を惜しむ心が込められた季語です。「鳥雲に」とも。「鳥帰る」も同じ意味です。仲間とともに帰らず水辺に留まるカモを「残る鴨《かも》」。このころの曇り空を「鳥曇」といいますが、別れと出会いが交差する季節に、ふさわしい空です。

鳥帰るいづこの空もさびしからむに　安住敦

渡り鳥いろいろ

・夏鳥…南の国から渡ってきて、夏を日本で過ごし、繁殖期が終わる秋に南の国に渡っていく鳥。ツバメ、アマサギ、オオルリ、ホトトギスなど

・冬鳥…北の国から渡ってきて、冬を日本で過ごし、春、繁殖のために北の国に渡っていく鳥。マガモ、白鳥、鶴、ツグミ、ジョウビタキなど

・旅鳥…北の国で繁殖し、南の国で越冬するため、渡りの移動の途中に日本を通過していく鳥。ヤツガシラ、シギ類、チドリ類

十三詣り《じゅうさんまいり》

数え年で十三歳になるときのお祝い。「知恵詣り」とも。参拝を終えたら、鳥居をくぐるまでは後ろを振り返ってはならないというならわしがあります。振り返ると、授かった知恵を返さなくてはならないそうです。

復活祭《ふっかつさい》

キリスト教徒にとって、重要な祭日のひとつで、イエス・キリストの復活を祝います。毎年、日付が変わる「移動祝祭日」で、「春分の日の後、最初の満月の次の日曜日」と定められています。イースターともいいます。キリストと太陽を結びつけ、冬から春へと復活する季節を祝う、祭日でもあります。

イースター・エッグ

復活祭といえば「イースター・エッグ」。殻に彩色した卵をお互い贈りあったり、隠して遊んだりします。また、「ウサギが卵をもってくる」という伝説から、「イースター・バニー」も重要なモチーフ。卵もウサギも豊穣と多産のシンボルです。

［材料］
生卵
錐、もしくは安全ピン
竹串
細目のストロー
マジック、絵の具、リボンなど（お好みで）
酢　大さじ1 ┐
食紅（お好みの色）　3〜10滴 ├ A
ぬるま湯　カップ½ ┘

①錐の先で卵の上下に穴をあける。
②下の穴から竹串を入れ、中の卵をつぶす。
③上の穴からストローで空気を入れ、卵液を下の穴から押し出す。
④全部出したら、中に水を入れて洗う。
⑤Aを混ぜ、その中に卵を入れて転がす。
⑥マジックや絵の具、リボンなどで好きなように飾る。

候のメモ　猫の恋の季節は二月頃からはじまります。春愁を呼ぶ切ない恋の声です。

清明・末候・虹始見

第十五候

虹始めて見る

にじはじめてあらわる

雨あがりに、虹が姿を現すころ。「清明」最後の候。

「小雪」初候、第五十八候「虹蔵不見」と対応。

虹は、大気中の水滴が大きくなってプリズムのようになり、太陽の光を分解することで起きる。

燕が来て雁は帰り、冬の間は隠れていた虹が姿を現す。

まるでその年の太陽の光と雨を約束してくれるようだ。そして次の節気がはじまる。

旧暦三月・卯月

＊季のことば

【初虹】はつにじ

春の季語

年が明けて春となり、その年はじめて目にする虹のことを「初虹」といいます。

虹という字の偏は「虫」。中国ではその昔、虹は大きな蛇、竜だと考えられていました。雨を降らせる天地創造の神として虹蛇《にじへび》伝説は、ほか世界各地にあります。

春の虹はまだ弱々しくすぐに消えてしまいますが、春が深まるにつれて大気も潤い、やがてしっかりとした虹がかかるようになります。

季のならわし

磯遊び《いそあそび》

春になると、海は淡い藍色で、明るくなってきます。旧暦三月三日のころの大潮は、一年で干満の差がもっとも大きく、干潮のときには遠く沖まで潮が引き、広々とした干潟が残ります。それを「潮干」といいます。

古来から、春の大潮の時分に、磯菜を摘み、アサリやハマグリなどを掘って一日を楽しむ「浜下り」「磯遊び」「潮干狩り」のならわしが親しまれてきました。

沖縄では今でも、三月三日のひな祭りの日には、「はまうり」と呼び、ご馳走をもって海辺に行き、楽しく遊んで祝います。

アサリやバカガイ、ハマグリ、シオフキ貝……。採れた貝は十分に砂抜きをして、春の海そのものの味をおいしくいただきます。

引く波はまた寄せる波磯遊び　佐藤静良

季のうみのもの

浅蜊《あさり》

潮干狩りなどで多く採れる二枚貝。形は三角形で、四センチほど。殻はざらざらして模様が多様。青や白、黒など色もさまざまです。貝塚から貝殻が多く出るなど、日本人にとって古来からなじみが深い貝で、アサリを煮た汁をご飯にかけたり、炊き込んだりする東京・深川の「深川飯」は有名。

馬鹿貝《ばかがい》

潮干狩りでは、浅蜊よりもやや沖合にいます。八センチほどで殻がなめらか。ハマグリに似ていますが、バカガイの方が薄くて割れやすい。名前の由来は、掘り出されても、完全に貝殻を閉じないで舌（足）をだらりと出しているから、だそうです。かつて東京湾で、『バカみたいにたくさん採れたから』とも。寿司ネタでは青柳《あおやぎ》と呼ばれます。

候のメモ　春土用は立夏前の十八日〜十九日間。戊の日に「い」のつく白い食べ物を。

穀雨《こくう》

春雨降りて百穀《ひゃっこく》を生化《しょうか》すればなり

本当の雨脚となる穀雨かな

平井さち子

穀雨・初候・葭始生

第十六候

葭始めて生ず《あしはじめてしょうず》

晩春、旧暦三月中。「穀雨」最初の候。水辺の葦が芽吹くころ。

節気「穀雨」は、穀物を潤して育ててくれる雨が降る季節。「葭始生」からはじまり、霜がやみ稲の苗が育つ「霜止出苗」、牡丹が花咲く「牡丹華」の三候。

旧暦三月・卯月

＊季のことば

【葦牙】あしかび

春の季語

晩春。水辺では葦の芽がつんつん角のように水面から突き出ています。「葦牙《あしかび》」とは葦の新芽のこと。「葦の角」とも。

葦は古来より、紙や楽器、屋根や船になり、人間の生活には欠かせない植物のひとつです。日本の国は「豊葦原中国（とよあしはらのなかつくに）」。古事記ではそう呼んでいます。

春の雨のなまえいろいろ

- 木《こ》の芽雨《めあめ》…木の芽どきに降る雨
- 養花雨《ようかう》…花の開花を誘う雨
- 春時雨《はるしぐれ》…春の通り雨
- 春霖《しゅうりん》…仲春から晩春にかけての長雨
- 菜種梅雨《なたねづゆ》…菜の花の盛りのころに降る雨
- 甘雨《かんう》…草木を潤す春の雨
- 瑞雨《ずいう》…穀物を潤す春の雨
- 卯《う》の花腐《はなくた》し…卯の花が咲くころに降る長雨
- 桜雨《さくらあめ》…桜の花が咲くころに降る雨
- 桜流し…桜を散らせてしまう雨

＊季のうみのもの

【栄螺《さざえ》】

温かい海域を好み、水深三十メートル位までの磯に生息する巻貝。頑丈で厚みのある蓋があり、警戒するときっちりと閉じます。殻の外側にでこぼこと突起があることが多く、それを「栄螺の角《つの》」といいます。旬は産卵前の三〜五月。刺身や煮物にもしますが、つぼ焼きが有名。

つぼ焼きは、

①栄螺の殻をたわしで軽く洗う
②栄螺の口を上にして網に置き、弱火で焼く
③少ししてから、醤油やみりん、酒を少々注ぎ入れる
④栄螺の口がグツグツいってきたらできあがり。

串をふたの内側のところに差し込み、貝を回しながら引っ張ると、中身がきれいに取れます。ほろ苦い春の海の味がします。

はるばると海よりころげきし栄螺　秋元不死男《ふじお》

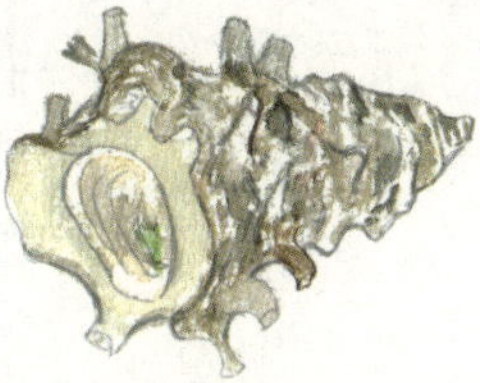

＊季のよもやま

【春告魚《はるつげうお》】

春告鳥といえば、ウグイス。春告草は、梅の花。では、春告魚はなんでしょうか？ひと昔前ならば、答えは鯡《にしん》。アイヌ語で「神魚（カムイチェプ）」と呼ばれるニシンは、かつて三〜五月、産卵のために春を告げるように群れをなして、北海道の西岸に押し寄せてきたものでした。昭和三十年代に激減し、幻の魚とさえ言われています。近年ではニシンに代わり、メバルが春告魚かもしれません。ただし、地域によって「春告魚」は違ってきます。瀬戸内海ではイカナゴ、西日本では「鰆」と書くサワラ。

サワラは出世魚で大きくなるにつれ、サゴシ、ヤナギ、サワラと名前が変わります。関西では、サゴシを酢で締めた生寿司《きずし》が、よくお節料理に使われます。岡山では、サワラを使ったバラ寿司が郷土料理として有名です。

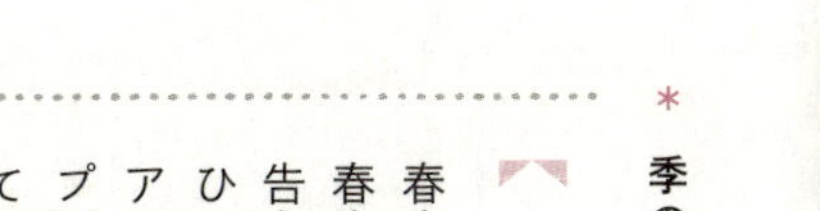

サワラ

候のメモ　春キャベツ、春たまねぎの季節。サラダにしてたっぷりいただきます。

穀雨・次候・霜止出苗

旧暦三月・卯月

第十七候

霜止みて苗出ずる

しもやみてなえいずる

霜が降りることがなくなり、苗が生き生きと生長するころ。

稲は、春のお彼岸から八十八夜までが種蒔き時。早いところでは、田植えがはじまり、ほかの作物も植え込みの時期となり、農作業は忙しくなっていく。

＊季のことば

【藍植う】

あいうう

春の季語

この季節、二月頃に種蒔いた藍が生長すると、苗床から畑に移し植えます。藍は、紅花とともに染料の代表。古代、シルクロードを通って、インドから中国、そして日本にきたといわれています。日本人にとってなじみが深く、藍は盛んに栽培されました。現在でも徳島県吉野川流域は有名です。

＊季の草花

【水芭蕉】

みずばしょう

サトイモ科の多年草で、山地の湿原を好みます。開花時期が地域によって異なります。ミズバショウは春の雪解けを待ち、白い花びらのような葉に包まれた、高さ約二十センチの穂を一本伸ばします。花として見られるものは、ツボミを守る苞《ほう》。大型の苞を「仏炎苞《ぶつえんほう》」といいます。

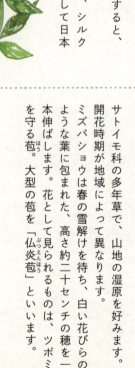

＊ 季のならわし

田打ち《たうち》

田植えの準備のため、前年の稲刈あと、そのままにしてある春の田の土をすき返し、うち砕いては、ほぐすこと。田起こしとも。

田打ちのころに花を咲かせる樹木を「田打ち桜」といいますが、その開化を目安に、農作業をはじめました。秋田県では辛夷《こぶし》、岩手県では糸桜など、地方によって異なります。

苗代時《なわしろどき》

稲は、春分から立夏直前の「八十八夜」前後までが、種蒔きの季節だといわれます。

稲の種のことを「種籾《たねもみ》」といいますが、直接田んぼに撒かず、「苗代《なわしろ》」という別の小さな田んぼに撒いて育てます。「苗半作」「苗代半作」の言葉通り、稲作の半分は苗づくりにあります。約二週間から四週間ほどかけて本葉が四～五枚、草丈が十五センチほどに生長します。そして、田植えの時期がはじまります。

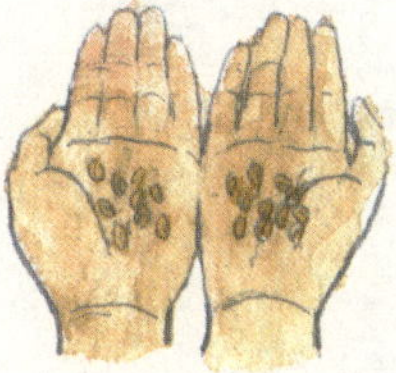

＊ 季のまつり

水口祭《みなくちまつり》

苗代をつくり、籾を蒔く日。水が豊かで苗の育ちがよいようにと、田に水を引く「水口」で、祭りを行います。

田の神の依代《よりしろ》として、栗やツツジ、山吹など季節の花を立て、御神酒や焼き米、人形《ひとがた》を供えて、一年の豊作を祈ります。苗代祭りとも。

稲作の暦（稲の品種や地域によって、幅があります）

四月～五月【苗づくり】選り分けた種籾《たねもみ》を一週間ほど水に浸す。苗代や苗床に蒔く（種蒔き）
【田打ち】本田の土を掘り起こして細かくして、肥料を撒く
【代かき】本田に水を張り、土をかき混ぜてから平らにする
五月～六月【田植え】苗代である程度育った稲を本田に移植する
六月～八月 雑草取り、肥料まき、水質管理
九月～十月【稲刈り】稲が実ったら刈り取る

候のメモ 菫や桜草など、小さな草花を本にはさみ、押し花をつくってみましょう。

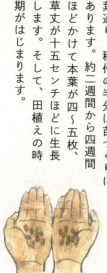

穀雨・末候・牡丹華

第十八候

牡丹華さく《ぼたんはなさく》

牡丹の花が咲くころ。晩春、「穀雨」の最後の候。春の終わり。

水辺に葦が芽吹き、霜がやみ苗が育ち、牡丹が咲く。
牡丹がゆっくりと散るころ、春は行き、新しい季節がやってくる。

旧暦三月・卯月／皐月

＊季のことば

【行春】《ゆくはる》

春の季語

葉桜の季も過ぎ、吹き抜ける風にふと、春が終わろうとしていることに気づきます。「行く春」という言葉には「時の移ろい」を感じます。あれほど待ち望んでいただけに、春が過ぎてしまうのが惜しい。類語の「春惜しむ」には、行く春へのもの寂しさが込められています。

行く春を近江の人と惜しみける　松尾芭蕉

＊季の草花

【牡丹】《ぼたん》

牡丹は、優美に咲き誇る大輪の花です。歳時記では、夏の季語。「ぼうたん」とも。原産国の中国では、「百花の王」としてもっとも愛され、則天《そくてん》武后《ぶこう》や、傾国の美女楊貴妃《ようきひ》も愛でた花です。日本には奈良時代に渡来しました。牡丹の花が散ることを「崩れる」と表現しますが、はなやかな春の終わりそのものです。

【八十八夜《はちじゅうはちや》】

雑節のひとつ。春から夏に移る節目の日。立春から数えて八十八日目、新暦五月一日〜三日頃を八十八夜と呼びます。「八十八」という字は、組み合わせると「米」になることから、農業にとって縁起のいい日とされています。種蒔きや養蚕がはじまり、新茶の茶摘みも盛んになります。

【茶摘み《ちゃつみ》】

八十八夜の日に摘んだ一番茶は、長寿のお茶といわれます。日本のお茶は、煎茶、玉露、番茶、ほうじ茶、玄米茶、抹茶など。一番よく飲まれて一般的なのは煎茶です。

お茶の発祥地ともいわれる中国では、味も香りも多種多様。新茶の季節は日本より一足早く、「清明」の四月五日頃。その前に摘まれる茶葉を「明前茶」といい、日本茶の一番茶に近い高級品です。

新茶のおいしい入れ方

3人分
茶葉　大さじ2
お湯　150cc

①沸騰したお湯を急須と湯呑に入れて冷ます
②お湯を捨てた急須に、茶葉を入れる
③急須に、60〜80度ぐらいになった湯呑のお湯を入れる。1分蒸らす
④急須を軽く揺らし、濃淡をみながら回しつぐ
⑤最後の一滴まで注ぎきる
⑥注ぎ終えたら、急須のおしりをポンと叩く

中国茶

候のメモ　八十八夜を過ぎたら、そろそろ住まいの夏支度を。

立夏《りっか》

夏の立つがゆえなり

手つかずの空ありて夏立ちにけり

伊藤通明

第十九候

鼃始めて鳴く

かわずはじめてなく

初夏。旧暦四月節。「立夏」最初の候。恋の季節となり、カエルがよく鳴くころ。

節気「立夏」は、暦の上では夏に入る季節。この日から新暦八月八日頃までが夏。「鼃」は「蛙」の異体字。カエルは降雨を予報し、水田の害虫を食べてくれる。日本人は、カエルを田の神の使いとして信仰し、その鳴き声を愛した。「鼃始鳴」からはじまり、ミミズの出る「蚯蚓出」、筍が生え出る「竹笋生」の三候。

＊ 季のことば

【蛙鳴く】

かわずなく　春の季語

カエルはよく鳴くことで知られている両生類。田んぼなどの水辺に群れて大声をあげ、人間が近づくと一斉に水に飛び込みます。「蛙《あ》鳴《めい》蝉《せん》噪《そう》」といえば無内容なことをやかましく騒ぎ立てることですが、オスがメスを呼ぶ切実な声であり、夏が来ることを教えてくれる喜びの声でもあります。

＊ 季のならわし

端午の節句 たんごのせっく

五節句のうちのひとつ。菖蒲《しょうぶ》の節句とも。由来は中国、「端午」とは月はじめの午《うま》の日のことです。

日本では古来、田植え前のこの日、菖蒲やヨモギを軒につるして厄を祓い、「早乙女」と呼ばれる女性たちが「女の家」にこもり、身を浄めるならわしがありました。

武家社会では「菖蒲《しょうぶ》」を「尚武《しょうぶ》」という言葉にかけて、武勇と立身出世を祈るようになり、江戸時代以降は男子の節句として武者人形を飾ったり、鯉幟《こいのぼり》を立てるようになりました。今は、国民の祝日として「こどもの日」となっています。

菖蒲湯 しょうぶゆ

「菖蒲《しょうぶ》」はサトイモ科の植物で、アヤメ科のハナショウブとは、まったく別のもの。

端午の節句には、菖蒲を湯に入れた「菖蒲湯」、根を浸した「菖蒲酒」、前日の夜に枕の下に敷く「菖蒲枕」など、邪気を祓う菖蒲をたっぷりと楽しんでみては。

＊ 季のおかし

柏餅 かしわもち

端午の節句では、粽《ちまき》や柏餅を食べます。粽は中国の風習によりますが、柏餅は日本独自のものです。

柏の葉は新芽が育つまで古い葉が落ちないため「子孫繁栄」の意味が込められています。

［材料10個分］

ぬるま湯　200cc
こしあん　200g
柏の葉（塩漬け）　10枚
A
- 砂糖　大さじ2
- 上新粉　200g
- 白玉粉　15g
- 片栗粉　小さじ2

①ボウルにAを入れて混ぜる。
　ラップして電子レンジで1分加熱し、よく混ぜる。
②さらに電子レンジで2分加熱し、ラップの上に取りだしてこしが出るまでもみ、粗熱をとる。
③②を10等分に分けて楕円形にのばし、丸めたこしあんを包む。
④水洗いし、水気をふきとった柏の葉で包む。

候のメモ　夏に緑のカーテンを楽しみたいのなら、植えどきは今です。

立夏・次候・蚯蚓出

旧暦四月・皐月

第二十候

蚯蚓出ずる《みみずいずる》

冬眠していたミミズがにょろにょろと大地に這い出してくるころ。

ミミズは英語で"earthworm"、直訳では「地球の虫」。土を食べ、消化し、糞として排出することで、土を耕し肥沃にしてくれる。豊穣な大地をもたらす神として、古代エジプトでも崇められた。「ミミズが鳴く」と言われる地中から響く鳴き声は、コオロギの仲間のケラ。

＊季のことば

【風薫る《かぜかおる》】

夏の季語

ミミズが土の中から出て、活発に動きはじめるころ。青葉若葉の中を、ホトトギスの声が響き、南風が爽やかに匂うようにして吹き渡ってきます。その風を「薫風《くんぷう》」といいます。似た季語に「青嵐」がありますが、やや強い風で、森や草原の緑を色鮮やかに燃え立たせる風です。

目には青葉山ほととぎす初鰹　山口素堂

＊季のとり

【杜鵑《ほととぎす》】

ウグイスが春告鳥なら、ホトトギスは夏告鳥。そのけたたましい鳴き声は、季節の「初音」として楽しみにされています。托卵するカッコウの仲間。五月になると渡ってきます。かの『枕草子』にも登場し、「天辺駆けたか（テッペンカケタカ）」と鳴くとされます。

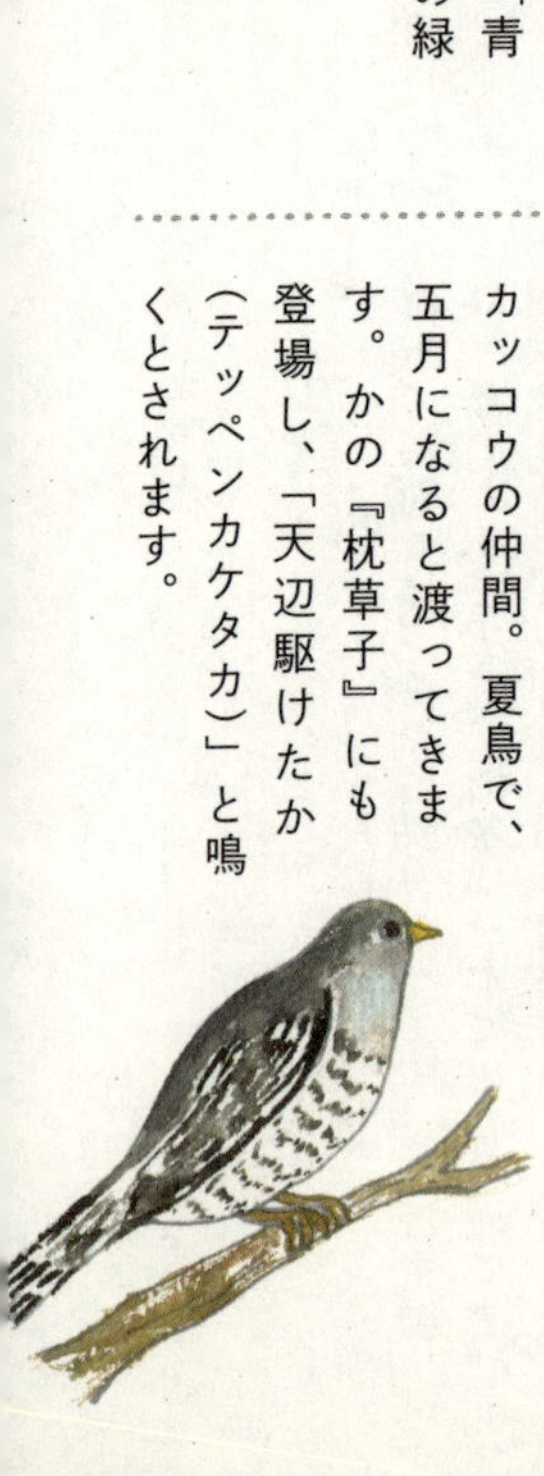

季の草花

【苺《いちご》】

バラ科の多年草でビタミンCが豊富。今、多く食べられているイチゴは、オランダイチゴの栽培種。日本では古来、キイチゴや蛇イチゴなどの野苺《のいちご》を「イチゴ」と呼んでいましたが、今では、「イチゴ」といえばオランダイチゴをさします。私たちが果実だと思っているところは、イチゴの実ではなく「花床《かしょう》」。本当の果実は種のように見えるあのつぶつぶです。

【阿蘭陀撫子《おらんだなでしこ》】

カーネーションの和名。「阿蘭陀石竹」とも。五月の第二日曜日は、「母の日」です。二十世紀初頭のアメリカで、白いカーネーションを贈る「母の日」が記念日とされ、第二次世界大戦後、日本もそれにならいました。

候のメモ 五月十四日から三日間、出雲大社大祭礼が行われます。

季のさかな

【初鰹《はつがつお》】

青葉とホトトギスの季節、カツオが黒潮に乗って東上し、相模灘に押し寄せます。その黒潮の名を「青葉潮」。または「鰹潮」とも。初夏のカツオは「初鰹」。初物好きの江戸っ子たちは、競って高価な旬の走りを賞味し、「女房子どもを質に入れても食え」と言いました。

たっぷり薬味の初鰹

［材料］

カツオ（刺身用・1サク）

A:
- にんにく　1片
- みょうが　1本
- しょうが　1片
- 大葉　3枚
- 青ネギ　1本

にんにく（すりおろし）お好みで

醤油　適量

①Aを細かく切ってカツオに乗せる。

②にんにく醤油でいただく。

立夏・末候・竹笋生

第二十一候

竹笋生ず

たけのこしょうず

タケノコがずんずんと伸びてくるころ。「竹笋」とはタケノコのこと。筍とも。
土の中から顔を出すと、一晩で一メートルほどにも成長して、若竹になる。
タケノコのめざましい生長は、生命力あふれた健やかさそのもの。
カエルが鳴き、ミミズが現れ、タケノコが生えてきた。そして次の節気がはじまる。

旧暦四月・皐月

＊季のことば

【筍】

たけのこ

夏の季語

「たかうな」「たかんな」ともいいます。日本で食用にされるタケノコの代表は、中国から渡来した孟宗竹《もうそうちく》ですが、ほかに破竹《はちく》、真竹《まだけ》、根《ね》曲竹《まがりだけ》などがあります。孟宗竹の旬は三〜四月。ですので、七十二候のタケノコは、五〜六月に旬を迎えるマダケかもしれません。

筍の光放つてむかれたり　　渡辺水巴

タケノコの茹で方

皮つきのまま先端を斜めに切り落とし、縦一本に切り目を入れます。外側の皮を二、三枚むきます。大きめの鍋に米のとぎ汁（または糠を入れた水）と鷹の爪を一緒に入れ、一時間ほど茹でます。そのまま冷ましたら、水につけて冷蔵保存し、こまめに水を変えます。

＊季の草花

藤《ふじ》

藤は、平安時代、隆盛を誇った藤原氏を象徴する花。晩春から初夏にかけて藤棚に蔓を這わせ、優雅に豊かに房を垂らします。その美しさを愛でる「藤見の宴」がよく開かれました。歳時記では春の季語になりますが、和歌では夏の花として詠まれることもあり、「二季草《ふたぎくさ》」といわれます。

＊季のまつり

神田祭《かんだまつり》

東京都の神田神社、通称神田明神の祭礼です。江戸時代以降、山王祭と隔年で営まれ、「天下祭」としてにぎわいました。

神田、日本橋、大手、丸の内、秋葉原を神輿が巡行する「神幸祭」と、百基の氏子町神輿が宮入参拝する「神輿宮入」が有名です。

「江戸三大祭」「日本三大祭」のひとつに挙げられています。

葵祭《あおいまつり》

京都三大祭のひとつで、『源氏物語』の中にも登場する「葵祭」。五月十五日に行われます。下鴨神社と上賀茂神社例祭で、古くは「賀茂祭」「北の祭り」といい、社殿の御簾・牛車に至るまで二葉葵を桂の小枝に挿して飾ることから、「葵祭」と呼ばれます。

旧暦四月の酉の日、賀茂氏と朝廷で行われるものでしたが、平安時代以降貴族たちが見物に訪れる、「貴族の祭」となりました。

現在は、京都御所から下鴨神社・上賀茂神社に向かう都大路を、五百名を超える平安絵巻のような優雅な行列が練り歩きます。

候のメモ　東京・浅草の三社祭りもこの時期。「びんざさら舞」が有名。

小満《しょうまん》

万物盈満《えいまん》すれば草木枝葉繁る

麦笛を吹くや拙き父として

福永耕二

小満・初候・蚕起食桑

旧暦四月・皐月

第二十二候

蚕起きて桑を食む《かいこおきてくわをはむ》

旧暦四月中。「小満」最初の候。蚕が孵化して桑の葉を食べはじめるころ。

古来より、絹糸を採るために飼育されていた蛾の幼虫、蚕《かいこ》。孵化して無事に成長していく様子に、人々は安心しただろう。

節気「小満」は、草木などあらゆるものが次第に生長して生い茂る季節。

「蚕起食桑」からはじまり、紅花が咲く「紅花栄」、麦が実る「麦秋至」の三候。

＊季のことば

【蚕飼う《かいこかう》】

春の季語

春になると、農家では蚕のための作業をはじめます。子どもたちも桑を摘むなどして手伝い、多忙期には学校は「蚕休み」になったほど。中国から一〜三世紀頃には伝来し、以来、日本人は「お蚕様」「オシラ様」と呼んで大事にしてきました。数えるときは一匹ではなく「一頭」です。重要な輸出品として、日本の近代化を支えた養蚕ですが、合成繊維の開発とともに、その役目を終えました。

季のならわし

上蔟団子《あがりだんご》

品種や環境によって異なりますが、産卵された蚕は、約二週間で孵化します。蚕は音を立ててさかんに桑の葉を食べ、どんどん大きくなっていきます。その間に脱皮をします。

脱皮する前、桑を食べるのをやめ、蚕がじっとしていることを「眠」に入るといいます。蚕は「眠」と脱皮を四回繰り返し、成熟するとやがて桑を食べなくなり、身体が半透明になります。そうした繭づくりの兆候を、「上蔟《じょうぞく》」、または「あがり」といいます。

上蔟した蚕は、繭づくりの足場にする「蔟《まぶし》」という器具に移します。

養蚕農家は、蚕が上蔟《じょうぞく》すると白い団子をつくり、繭玉の形にして木に挿し、蚕棚に飾りました。これが「上蔟《あがり》団子」です。

季の草花

雛罌粟《ひなげし》

ケシ科の一年草。

別名「虞美人草《ぐびじんそう》」。

フランス語では「コクリコ」といいます。

秦末の武将・項羽《こうう》の愛人、虞《ぐ》。劉邦《りゅうほう》に敗れた項羽《こうう》の歌に合わせて舞い踊り、虞《ぐ》は自害しました。

彼女の墓には真っ赤な雛罌粟が咲いたとされます。

ああ皐月仏蘭西《ふらんす》の野は火の色す
君も雛罌粟《こくりこ》われも雛罌粟《こくりこ》　与謝野晶子

季のまめ

蚕豆《そらまめ》

「空豆」とも。きれいな翡翠色が初夏を思わせます。サヤが蚕の形に似ているので「蚕豆」です。煮ても焼いても、ご飯に炊き込んでも。

候のメモ　桜が咲いてから二カ月後が、その地方の空豆の旬だそうです。

小満・次候・紅花栄

第二十三候

紅花栄う

べにばなさかう

旧暦四月・皐月

紅花（べにばな）の、赤と黄色の鮮やかな花が、辺り一面に咲きほこるころ。

アザミにも似た姿で、万葉の時代より染料や生薬として重宝された「紅（くれなゐ）」の花。古くは和名を「くれのあい（呉藍）」といい、花を摘んで発酵、乾燥させ、口紅や頬紅の原料にもなった。良質な紅は玉虫色の輝きを放つ。江戸時代には「小町紅」の名で販売され、女性たち憧れのトップブランドとなった。

＊季のことば

【紅の花】

べにのはな

夏の季語

「べにばな」の花のこと。シルクロードを経て、日本には四～六世紀に渡来してきました。花は最初は鮮やかな黄色で、だんだん赤くなっていきます。別名を「末摘花《すえつむばな》」。『源氏物語』では、この呼び名を持つ不美人だけど、真心ある女性が登場します。

＊季のむし

【天道虫】

てんとうむし

太陽に向かって飛んでいくから天道虫。天道とは太陽神のこと。半球形で背中の斑点が可愛らしい、小さな甲虫です。アブラムシなどの害虫を食べてくれる益虫で、生物農薬としても活用されます。ただし、食事を終えると飛んで行ってしまうのが難点。そのため、「飛べないテントウムシ」が、日本にて人工的につくられました。

* 季のうみのもの

【帆立貝】ほたてがい

東北から北海道を主な産地とする二枚貝。「海の貴婦人」と称されます。

名前の由来は、船の帆を立てたように殻の一方を立てて移動するからだそうです。

中国では「海扇」「扇貝」と呼ばれ、フランスでは「ヴィーナスの貝」とも。絵画などで、豊穣の象徴として、ギリシャ神話の美の女神ヴィーナスとともに描かれます。

日本人が一番食べている貝は、ホタテガイだと言われますが、青森の郷土料理には「貝焼き味噌」があります。別名「かやき味噌」。十五〜二十センチほどの大きなホタテの貝殻を鍋にして、少量のだし汁を入れて味噌を溶き、ほぐした卵を入れて焼きます。ホタテの身や、ネギを入れることも。卵が半熟のうちに火からおろして食べます。

太宰治の小説『津軽』にも登場し、印象的です。

* 季のよもやま

植物由来の染料いろいろ

● アイ　藍
日本の藍は蓼藍《たであい》というタデ科の植物から。インド藍はマメ科の植物から

● アカネ　茜
アカネ科のつる植物の根。夕暮れ空の色

● ウコン　鬱金
ショウガ科ウコンの根茎。赤みある鮮やかな黄色

● キハダ　黄蘗
ミカン科キハダの樹皮の内皮。明るい黄色

● クチナシ　梔子
アカネ科クチナシの実。赤みある黄色

● クワ　桑
桑の木の根や樹皮。くすんだ黄褐色

● ムラサキ　紫
ムラサキ科の紫草の根。紫色。日本古来の染料。激減している

● サフラン　saffron
アヤメ科のサフランの花のメシベ。赤褐色。西南アジア原産

● ヘンナ　henna
ミソハギ科のヘンナの葉。赤。近東では古代からこの草で爪や髪を染めた

候のメモ　身近な季節の草花やコーヒー、紅茶で草木染を楽しみましょう。

小満・末候・麦秋至

旧暦四月・皐月／水無月

第二十四候

麦秋至る

むぎのときいたる

麦が熟して実るころ。

「冬至」末候、第六十六候「雪下出麦」と対応。麦の収穫期は初夏。「秋」の字は、作物を収穫する季節を表す。新緑の中、黄金色の麦穂が、風に大きく波打つ光景は豊穣の象徴。蚕が孵化して桑を食べ、紅花が咲き、麦が実る。「小満」の季節が過ぎていく。

＊季のことば

【麦熟れ星】

むぎうれぼし　夏の季語

麦を刈り入れるころ、日没後には牛飼座の一等星アークトゥルスが、オレンジ色に輝きながら南からのぼってきます。だから和名が「麦熟れ星」「麦星」。近くに青白く輝くのは乙女座の一等星スピカ、和名は真珠星です。メソポタミア文明の昔から、麦は人間とともにあった穀物です。天体によって、農耕の時期を図ってきた遥かなる人類の歴史が、「麦熟れ星」という言葉に込められているようです。

夏の風のなまえいろいろ

・あいの風…春から夏にかけて吹く、東からのそよ風
・いなさ…梅雨のころに南東から吹く生温かい強風
・青嵐《あおあらし》…青葉のころに吹く、やや強い南からの風
・温風《おんぷう》…梅雨明に吹く温かく湿った風
・筍《たけのこ》流し…タケノコに吹く、雨を伴う南風
・茅花《つばな》流し…ツバナを吹き散らす、雨を伴う南風
・土用あい…土用のころに吹く、北、あるいは北東の風
・熱風…真夏に吹く熱気のこもった風
・麦嵐《ばくふう》…麦が実るころに吹く風

＊季のきのみ

【枇杷《びわ》】

中国原産といわれるバラ科の常緑高木。昔はご近所の庭先で見かける身近な果実でした。氷砂糖とホワイトリカー、レモンの薄切りでつくるビワ酒は美味です。民間療法では、「大薬王《だいやくおう》樹《じゅ》」の名で親しまれています。ビワの葉や種の焼酎漬けは、火傷や口内炎にききます。

＊季のとり

【頬白《ほおじろ》】

その昔、野鳥を飼いならして、さえずりを楽しむことは、貴族や武士、裕福な町民の優雅な趣味でした。ホオジロは、ウグイスやメジロ、ヒバリと並び、「和鳥」の代表的な小鳥です。スズメの仲間で、頬が白いのが特徴。「一筆啓上仕候（いっぴつけいじょうつかまつりそうろう）」「源平つつじ白つつじ」と鳴きます。

候のメモ　六月一日は衣替えの日。今日から夏の装いに。

＊季のさかな

【鰺《あじ》】

アジは種類の多い魚ですが、代表的なものが真鰺《まあじ》です。体長は三十センチ前後になり、新緑のころから夏の終わりまでが旬。刺身、酢のもの、焼き魚、南蛮漬け、干物など、何にしてもおいしい魚です。日本語の「アジ」は、味がよいことに由来するとか。尾のつけ根から頭部まで、ゼイゴという特有の固い鱗があり、調理するときに包丁を前後に動かしながら、取り除きます。かつては夏の夕方、河岸に着いたばかりのアジをよく売りにきていたそうです。それを歳時記では「夕鰺《ゆうあじ》」「鰺売《あじうり》」といい、夏の季語です。

芒種《ぼうしゅ》

芒《のぎ》ある穀類、稼種《かしゅ》する時なればなり

あぢさゐや真水の如き色つらね

高木晴子

芒種・初候・蟷螂生

第二十五候

蟷螂生ず

かまきりしょうず

仲夏。旧暦五月節。「芒種」最初の候。孵化した子カマキリが一斉に出てくるころ。

旧暦五月は田植えがはじまる月。日本列島は北海道以外、沖縄から順次梅雨に入る。
「芒種」は、米をはじめとするイネ科の穀物の種をまく時期のこと。
「蟷螂生」からはじまり、蛍の舞う「腐草為蛍」、梅の実が色づく「梅子黄」の三候。
※「芒《のぎ》」禾とも書く。イネ科植物の穂先にある、針のような突起のこと。

＊季のことば

【蟷螂生まる】

とうろううまる

夏の季語

五、六月に茶褐色の卵から、零れ落ちるようにわらわらと出てきます。小さいながら、鎌状の前足を振りかざして威嚇する姿は、可愛らしい。かなわない強い相手に立ち向かうことを「蟷螂の斧」といいますが、憐れみと共感も覚えます。別名「拝み虫」。成虫となった「蟷螂」は秋の季語。

沖縄の梅雨は早くきて早く終わる

【小満芒種】すーまんぼーすー
沖縄での「梅雨」のこと。五月から六月にかけて、二十四節気の「小満」「芒種」にあたるころ、沖縄では一足早く梅雨の時期を迎えます。

【四日の日】ぬっかのひー
旧暦五月四日は龍神祭（海神祭）。各地でハーリー鐘が鳴り響いてハーリースーブ＝龍をかたどった爬竜《はりゅう》船《せん》競争が行われます。
そして沖縄の梅雨は明けます。

＊ 季のならわし

【薬玉】くすだま

旧暦五月五日は「薬日《くすりび》」と呼び、薬草を積むならわしがありました。そして端午の節句に、ヨモギや菖蒲《しょうぶ》などの香草、薬草をつめて丸い玉をつくり、五色の糸を垂らして飾って、魔除けとしました。それを「薬玉《くすだま》」と呼びます。長命縷《ちょうめいる》もその一種です。旧暦五月は梅雨の時期。ものが傷みやすく、病気にもなりやすい月だったため、薬玉の香気が邪気を祓うと考えられたのでしょう。

【稽古始】けいこはじめ

日本では、「習い事は、六歳の六月六日からはじめるとよい」との古くからの言い伝えがあります。十指を折って数を数えると、「六」で小指を立てることから、子どもが芸で身を立てるという縁起をかついだとか。お能の世阿弥『風姿花伝』でも、能は数えで七歳（満六歳）からがよい、とあります。現代では、六月六日は「楽器の日」「いけばなの日」などお稽古事の記念日とされています。

候のメモ　旧暦五月五日の正午頃に降る雨は、よい薬になるそうです。

＊ 季のさかな

【目高】めだか

日本に生息する淡水魚で一番小さく、体長は約三センチ前後。目が大きく高い位置にあることから「目高」と言われます。昔は、人家に近い野川や田んぼに多く群れていました。今では、環境の変化により野生のメダカ（ニホンメダカ）は絶滅を危惧されています。オレンジ色をしたメダカは変異種の緋目高（ヒメダカ）で、江戸時代から観賞魚として、金魚と並んで愛されています。

飼育のすすめ

メダカは本来丈夫で、とても飼いやすい魚です。

ベランダや庭に睡蓮鉢などを置いて底砂を敷き、水生植物を植えて水を入れ、そこにメダカを放てば、「小さな生態系」＝ビオトープの完成。容器は丈夫で水面広く底深いものがおすすめです。

芒種・次候・腐草為蛍

旧暦五月・水無月

第二十六候

腐草蛍と為る

くされたるくさほたるとなる

草の中から蛍が飛び交い、光を放つころ。昔は、腐った草が蛍になると考えられていた。

蛍の異名は、「朽草《くちくさ》」。蒸し暑い入梅のころの黄昏時。飛び交う蛍は幻想的なまでに美しい。中国の古典には「光らない腐った草も、蛍と化して夏に輝く」とある。日本語の「虫」は「蒸し」が転じたともいわれるが、蒸れて腐ったものから生まれ出て、美しい光を放ちながら舞う蛍に、人々は憧れの思いを抱いたのかもしれない。

＊季のことば

【蛍狩】ほたるがり

夏の季語

夕涼みもかね、水辺で蛍を捕ったり見たりする夏の夜の風物詩。「ほたる」は「火垂り」「火照り」が転じたとも。「ほーほー蛍来い。あっちの水は苦いぞ。こっちの水は甘いぞ」と呼ぶわらべ歌も、蛍が減少した昨今、遠い思い出となりました。蛍の命は短くて一週間ほど。その間に恋の炎を燃やし、子孫を残します。

【入梅】にゅうばい

夏の季語

雑節のひとつで、暦の上での梅雨入りの日。立春から百二十七日目、新暦六月十一日前後になります。稲作にとっては、田植えの日取りを決める大事な目安とされてきました。「栗花落（ついり）」とも。梅雨は三十日前後続き、農作物にとっては大切な「恵みの雨」となります。旧暦では、五月が梅の実が熟す「梅雨」の時期。「五月雨《さみだれ》」は、この季節に降る長雨のことを言います。

＊ 季のしごと

田植え《たうえ》

昔より梅雨の季節は、苗代で育った早苗を本田に移し替える、田植えの時期でした。今では五月に行われることも多いのですが、地域によって違いがあります。

田植えは「早《さ》乙女《おとめ》」と呼ばれる女性たちの仕事で、田植え歌を歌いながら植えつけられました。田植えを終えた田を「早苗田」といい、いっぱいに張られた水面には、空や木立が映って光ります。

＊ 季の草花

忍冬《すいかずら》

この季節、散歩道で出会うのがスイカズラ。よい香りに誘われ、花をくわえて吸うと、甘い蜜があります。だから、「吸い葛《かずら》」。つる性低木で、花の色が白から黄色に変化することから、「金銀《きんぎん》花《か》」とも呼ばれます。冬でも葉が落ちないことから「忍冬」と書き、「にんどう」とも。

昔から薬草として知られ、花を漬けた「忍冬酒」は、熟成すると美しい琥珀色となります。かの徳川家康も好んだ〝長寿の薬酒〟です。

忍冬酒《にんどうしゅ》

[材料]

スイカズラの花　100g
焼酎　1.8ℓ
氷砂糖　50g

①瓶に氷砂糖、軽く洗った花、焼酎の順に入れる。
②冷暗所で一カ月以上保存。

候のメモ　押入れや箪笥に新聞紙を敷くだけでも、湿気対策になります。

芒種・末候・梅子黄

第二十七候

梅子黄ばむ

うめのみきばむ

青く太った梅の実が、熟して黄色く色づくころ。「芒種」最後の候。

梅は東アジアだけに生育する植物で、古くに中国から日本に渡来したという。「梅雨《ばいう》」という言葉も中国長江流域で生まれ、江戸時代に日本に伝わった。「つゆ」は、木の葉や実に降りる「露」からの連想とも。

この時期、雨が多く降ることで梅の実は、大きく膨らんでいく。

旧暦五月・水無月

＊季のことば

【青梅】

あおうめ　夏の季語

青梅とは、熟す前のまだ浅緑の固い果実のこと。やがては黄緑色となり、完熟すると赤みを帯びた黄色になります。

梅雨の異名に「青梅雨《あおつゆ》」という言葉があり、季語のひとつでもあります。鬱陶しい長雨は、恵み豊かな雨。六月が、生い茂る草木の輝ける、みずみずしい「青の季節」であることに目覚めさせてくれる、美しい言葉です。

＊季のいきもの

【蝸牛】

かたつむり

アジサイの葉の上のカタツムリは、梅雨の風物詩。伸び縮みする「角（触覚）」、背負った殻で親しまれています。「でんでんむし」「まいまい」「ツムリ」など、地方によって呼び名はさまざま。民俗学者の柳田国男は「蝸牛考《かぎゅうこう》」という本の中で、カタツムリの方言分布を調査し、「方言周圏《しゅうけん》論」を提唱しました。

嘉祥の日《かじょうのひ》

旧暦六月十六日、十六個のお菓子を食べ、厄除け・招福を祈った行事のこと。江戸時代には、江戸城で七種のお菓子をひとり一個配る「嘉《か》祥《じょう》頂《ちょう》戴《だい》」、民間では十六文で餅十六個を買い、無言で食べる「嘉《か》祥喰《じょうぐい》」がありました。

六月の和菓子・水ようかん

［材料4人分］
粉寒天　4g
こしあん　200g
氷　400cc
砂糖　大さじ4
塩　少々

①鍋に水を入れ、粉寒天を加えてよく混ぜ、火にかけてさらに混ぜながら煮溶かす。
②砂糖を加えて1～2分煮る。火を止めてこしあんと塩を加え、なめらかになるまで混ぜる。
③粗熱がとれたら水に濡らした型に流し入れ、冷やして固める。固まったらできあがり。

梅仕事《うめしごと》

「梅仕事」は、梅雨の時期の楽しみ。下準備として、アルコールで消毒した三～四ℓの瓶を用意して、①一晩水にさらしてアクを抜き、②水気をふき、竹串で軸を取ります。

梅シロップ

［材料］
青梅　1kg
氷砂糖　1kg

①青梅にフォークで穴をあける
②瓶に青梅と氷砂糖を入れる
③1日1回軽くビンをゆする。

梅酒

［材料］
青梅　1kg
氷砂糖　700g
ホワイトリカー　1.8ℓ

①青梅と氷砂糖を交互に入れて瓶に入れる。
②ホワイトリカーを注ぎ、冷暗所で保存。

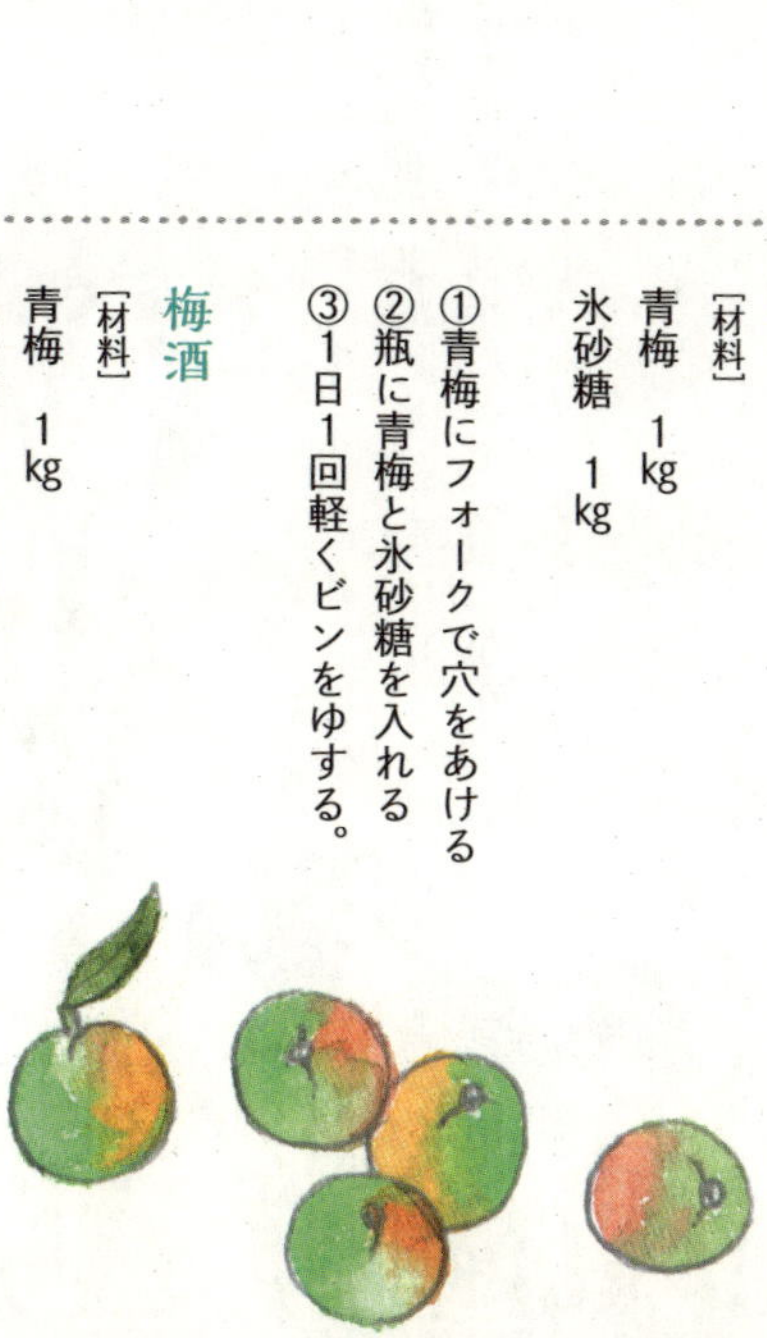

候のメモ　六月の第三日曜日は父の日。外国では白バラを贈るそうです。

夏至《げし》

陽《よう》熱《ねっ》至《し》極《ごく》しまた、
日の長きの至りたるをもってなり

夏至の日の手足明るく目覚めけり

岡本眸

夏至・初候・乃東枯

第二十八候

乃東枯る

なつかれくさかるる

旧暦五月・水無月

旧暦五月中。「夏至」最初の候。薬草の乃東《なつかれくさ》が枯れるころ。


乃東とは、夏枯草《かごそう》、靭草《うつぼぐさ》のこと。「冬至」初候、第六十四候「乃東生」に対応。

冬至のころに芽を出したウツボグサは、夏至のころに花咲いて枯れ、生薬とされる。

「夏至」はもっとも太陽が高くなる日だが、日本では雨が続く。薬草や毒草が育つ季節だ。

「乃東枯」からはじまり、アヤメの咲く「菖蒲華」、カラスビシャクが生える「半夏生」の三候。

＊ **季のことば**

【夏至】げし

夏の季語

六月二十一日頃。この日、北半球では太陽がもっとも高く、日の出から日没までの時間が一番長くなります。しかし日本は梅雨期であり、日の長さを実感することは少ないです。

沖縄では、夏至のころに吹く季節風を「夏至南風（カーチーベー）」と呼びます。この風が吹くと沖縄地方は梅雨が明けて、本格的な夏を迎えます。

日照時間の短い北ヨーロッパの国々では、夏至祭りが盛大に行われます。

【短夜】みじかよ

夏の季語

夜明けは、恋人たちの別れる「後朝《きぬぎぬ》」の時間。夏の夜は特に短く、夜明けの早さが恨めしい。平安時代の昔から、はかなくも短い夜を嘆き、恋人たちは歌を残しています。「明け易《やす》し」とも。

短夜や夢も現《うつつ》も同じこと　高浜虚子

＊ 季の草花

【靭草《うつぼぐさ》】

六月から八月にかけて、日当たりのよい田んぼの畦や草地で、紫色の花を咲かせるウツボグサ。同じくシソ科のラベンダーによく似ています。名前の由来は、花穂の部分が武士の矢を入れる「靭《うつぼ》」を連想させることから。夏に枯れるので「夏枯《なつかれ》草《くさ》」ともいいます。

咲いたあと花穂は茶褐色となりますが、乾燥させて漢方の生薬とします。利尿薬や消炎薬として、はれものや腹痛にも利用されます。見た目は控えめな花ですが、薬草として昔から注目され、重宝されてきたようです。

＊ 季のさかな

【鮎《あゆ》】

芳香とほのかな苦み、気品ある姿。鮎は、古くは古事記や日本書紀にも記され、遠い昔から日本人に愛されてきました。「香魚」とも書きます。

秋に川で生まれた稚魚は、海へと下ります。そして春、海から川をのぼり、夏、藻を食べて大きく育ち、秋、産卵して命を終えます。一年の寿命のはかなさから「年魚」とも。

夏を代表する魚で、鮎漁の解禁日は六月一日頃。その日は釣り人たちで川はにぎわいます。

鮎といえば塩焼き。登り串に振り塩、ヒレに化粧塩をして、強火の遠火で焼きます。緑あざやかなタデ酢がよく合いますが、つけていただくと、夏の渓流にいるかのような清涼感を覚えます。

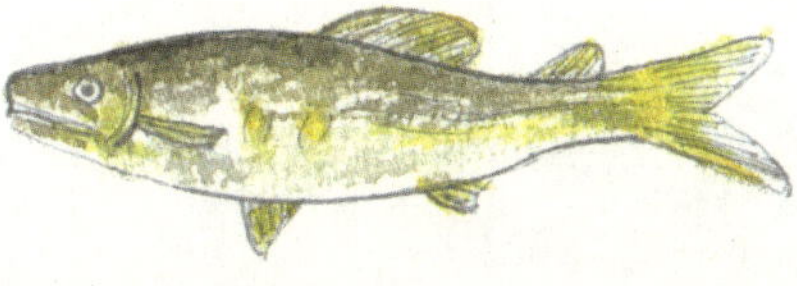

候のメモ そろそろ一年の折り返し地点。乱れを正し、夏を迎える準備を。

夏至・次候・菖蒲華

旧暦五月・水無月／文月

第二十九候

菖蒲華さく

あやめはなさく

アヤメやカキツバタ、ハナショウブなど、アヤメ属（アイリスIris）の花が咲くころ。

「菖蒲」と書いてアヤメ、ショウブとも読む。端午の節句に使うショウブは、サトイモ科。ハナショウブは、梅雨到来を告げる花。葉がショウブに似ているから、ハナショウブという。五月にアヤメの花が咲き、そしてカキツバタが続く。六月にはハナショウブが花を開く。江戸時代に凜とした姿を愛好され、現在も全国各地で、「あやめ祭り」が行われる。

＊季のことば

【菖蒲】 あやめ

夏の季語

アヤメは、「渓蓀」とも書きます。アヤメ科の花はどれも似ています。花菖蒲《はなしょうぶ》、杜若《かきつばた》は水辺に咲き、アヤメは山地や原野に咲く野生の花。六月頃に咲くのは花菖蒲ですが、雨に濡れてこそ美しく、「雨降花」の名にふさわしいです。

雨降花 あめふりばな

雨期、釣鐘に似た可憐な花をつける「蛍袋」。雨降花ともいわれます。名のいわれは、花筒の中に蛍を入れて遊ぶことから。雨降花の名を持つ花はほかにもあり、ウツボグサ、アヤメ、半夏生、昼顔、梔子、紫陽花、露草などです。

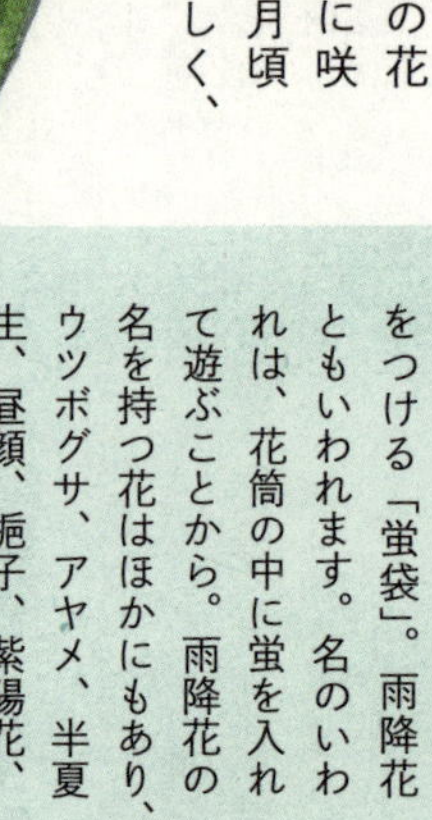

露草

＊ 季のならわし

夏越の祓

なごしのはらえ

六月の末日には「夏越の祓」、十二月の末日には「年越の祓」。それぞれ、半年間の罪や穢《けが》れを祓う行事があります。

夏越の祓では、神社の境内に茅草《ちぐさ》でつくった大きな輪が立てられ、「茅の輪くぐり」で身を清めます。作法は、左まわり、右まわり、また左まわりと「8の字」に三回くぐり、最後に正面に向かってくぐって、神殿に進んで参拝します。また、紙の人形《ひとがた》に息を吹きかけて穢れを託し、川などに流す「形代流し」を行います。

京都では、「水無月」という和菓子を食べる風習があります。半透明の白いういろう生地に小豆を乗せたお菓子は、見た目も爽やか。三角の形は暑気を祓う氷片を表し、小豆には邪気を祓う意味があるそうです。

＊ 季のとり

鵜

う

鵜はペリカン目の水鳥で、魚を頭から丸のみする習性があります。そこから「鵜呑《うの》み」という言葉が生まれました。その性質を利用して飼いならし、鵜匠《うしょう》があやつって行う漁が「鵜飼《うかい》」です。鵜飼の歴史は古く、日本書紀や古事記にも記されています。

岐阜県の長良川が有名で、毎年五月十五日から十月十五日頃まで、満月の日以外は、ほぼ毎夜鵜船《うぶね》が出ます。船の先にはかがり火を焚き、飛び散る火の粉が水面に映えます。なお、鵜飼に使われる鵜は、海鵜《うみう》です。

おもしろうてやがてかなしき鵜舟かな

松尾芭蕉

候のメモ　七月一日は、富士山の「山開き」。夏山シーズンがはじまります。

夏至・末候・半夏生

旧暦五月・文月

第三十候

半夏生ず

はんげしょうず

半夏《はんげ》という薬草が生えるころ。仲夏の終わり、「夏至」最後の候。


〝半夏〟は、サトイモ科のカラスビシャクの漢名。仏炎苞を持つミズバショウの仲間。

農家にとっては大事な節目の日で、この日までに畑仕事や田植えを終える目安となった。

半夏生の五日間を農作業の休みとするなど、地方色豊かな伝統が息づいている。

ウツボグサが枯れ、アヤメが咲き、カラスビシャクが生えてきた。そして次の節気に移る。

＊季のことば

【半夏生】はんげしょう

夏の季語

雑節のひとつで、夏至から数えて十一日目。七十二候がその名の由来です。この日までに田植えが終わると、田の神様に餅や酒を供え、「早苗饗《さなぶり》」という祝い事を行います。

またこの日は、「天から毒気が降る」ので、井戸に蓋をしたり、この日に採った野菜を食べてはいけないなどの言い伝えもあります。

このころに降る雨が半夏雨《はんげあめ》。大雨となることも多いです。

＊季の草花

【半夏生】はんげしょう

七十二候の「半夏」とは別の植物。ドクダミ科で、独特の匂いがします。「半化粧」とも書きます。「片白草《かたしろぐさ》」の名も。名前の由来は、半夏生のころに咲くからとも、葉の一部を残して白く変化する様子からともいわれます。

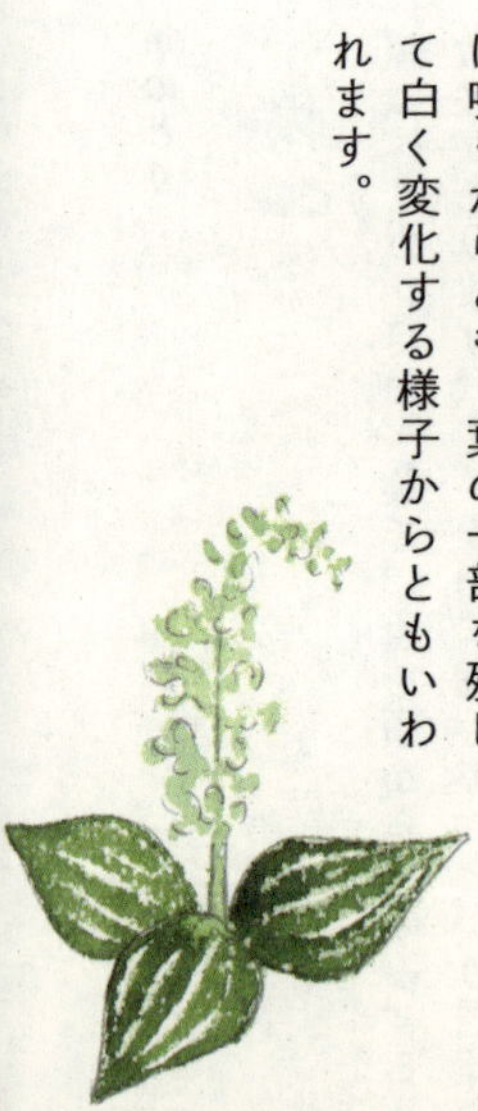

＊季のならわし

半夏章魚《はんげだこ》

関西の一部では、七月二日頃にタコを食べる習慣があります。田に植えた稲が、タコの足のように大地にしっかりと根づくように願いを込めたとか。ほかには餅や鯖《さば》、うどんを食べ、田植えの労をねぎらい合い、身体をやすめました。

＊季のまつり

祇園祭《ぎおんまつり》

七月一日から三十一日の一カ月間、京都の八坂神社で盛大な祭礼が行われます。平安時代から続く、由緒あるお祭りです。七月中旬がハイライトで、山や鉾《ほこ》と呼ばれる見事な山車《だし》が町を巡る「山鉾巡行《やまほこじゅんぎょう》」は壮観。その前夜祭は「宵山」といわれ、暗闇に提灯で飾られた山車が浮かぶ姿は幻想的で美しい。夏の風物詩として、京都の街は浴衣をきた多くの人でにぎわいます。

＊季のさかな

鱧《はも》

はなやかな京都・祇園祭や大阪・天神祭のある七月。鱧は旬を迎えて、もっともおいしくなります。そこから「祭り鱧」とも。京都や大阪の夏では欠かせない魚です。

ウナギやアナゴの仲間で、身は淡泊でいて旨みがあります。身と皮の間に小骨が多く、包丁を細かく入れる「鱧の骨切」は職人芸です。骨切りしたものをさっと熱湯に通し氷水に落とした「ハモチリ」は、有名です。梅肉につけてさっぱりいただきます。そのほか天ぷらにしたり吸い物にしたり、旬の味覚を味わいつくします。

候のメモ　お中元は、七月一日から十五日の間に届くように手配します。

小暑《しょうしょ》

大暑来れる前なればなり

七夕や髪ぬれしまま人に逢ふ

橋本多佳子

小暑・初候・温風至

第三十一候

温風至る

あつかぜいたる

晩夏。旧暦六月節。「小暑」最初の候。熱気を帯びた南風が吹くころ。

梅雨明けとともに、夏の匂いがする風が吹き渡り、強烈な陽射しが満ちる。節気「小暑」は「大暑」に向けていよいよ暑さが高まっていく季節。夏到来。この日から立秋までを「暑中」という。暑中見舞いを出すのなら、この時期。「温風至」からはじまり、蓮の花が美しい「蓮始開」、若鷹が空を舞う「鷹乃学習」の三候。

旧暦六月・文月

＊ 季のことば

【梅雨明】つゆあけ

夏の季語

梅雨明けは激しい雷雨を伴うことが多く、そのあとはまぶしい青空が広がり、本格的な夏がやってきます。

温風とは梅雨明けに吹いてくる、温かくて湿った風のこと、「おんぷう」「うんぷう」とも読みます。

梅雨明の気色なるべし海の色　笹谷羊多楼

【南風】はえ／みなみ

夏の季語

湿気を含んだ熱い風のことで、夏の季節風。漁師言葉ともいわれます。

梅雨時に吹いて、黒雲を運ぶ風を「黒南風《くろはえ》」。梅雨明けに吹いて、雨雲を一掃する明るい風を「白南風《しろはえ》」と呼びます。また、雨を含んだ生暖かい南風は「ながし南風《はえ》」「荒南風《あらはえ》」ともいいます。風に「黒」と「白」を見て、季節を読む先人の感性。それは、生活に根差しているだけに鋭敏です。

季のならわし

七夕の節句《しちせきのせっく》

五節句のうちのひとつ。七夕《たなばた》、星祭り、星合《ほしあい》とも。旧暦七月に行う地域もあります。前日に硯を洗い、五色の短冊に願い事を書いて、「七夕竹」と呼ぶ笹竹に結びます。また、行事食として素麺《そうめん》を食べます。ルーツは古く、中国伝来の小麦粉を使った「索餅《さくべい》」というお菓子にあります。天の川や織姫の織り糸に見立てているとも。七夕の夜、伝説ではカササギが翼を並べ、天の川に橋をかけます。天の川を隔てて、こと座の一等星ベガが織姫星、わし座の一等星アルタイルが彦星。年に一度だけ許される、恋人たちの逢瀬の夜です。

候のメモ

七夕前夜は硯洗いの日。大事な道具のお手入れをしましょう。

季のえんにち

朝顔市《あさがおいち》

七月六〜八日まで、東京の入谷の鬼子母神の縁日に、早朝から朝顔市が立ちます。晩夏の早朝に咲き、夕にはしぼむ朝顔は、日本の夏休みの象徴です。庶民に愛され、江戸時代には多くの品種が生まれました。

鬼灯市《ほおずきいち》

七月九、十日、東京の浅草寺では「四万六千日《しまんろくせんにち》」という縁日があります。この日におまいりすれば、四万六千日分のご利益があるそうです。昔は薬として売られていた鬼灯の市が立つようになり、多くの参拝客でにぎわいます。

小暑・次候・蓮始華

第三十二候

蓮始めて開く《はすはじめてひらく》

蓮の花がはじめて開くころ。

「蓮は泥より出でて泥に染まらず」とは中国の成句。アジアの多くの国々で国花とされ、非常に尊ばれている水生植物。朝早く開き、午後三時頃には閉じる。花の開閉を三回繰り返し、四日目には花びらが散る。日本では昔、「春は花見、秋は紅葉狩、夏は蓮見」といわれていた。

旧暦六月・文月

＊ **季のことば**

【蓮見《はすみ》】

夏の季語

晩夏。蓮は夜明けにつぼみをほどき、ゆっくりと花開いていきます。泥の中にあって、清らかに芳香を放つ姿は、極楽浄土の象徴とされています。早朝、蓮を鑑賞することを「蓮見」といい、蓮見のための舟を「蓮見舟」といいます。

＊ **季のうみのもの**

【車海老《くるまえび》】

車海老の天然ものの旬は六〜九月。お盆頃がもっともおいしいといわれます。養殖ものが多くなりましたが、かつては東京湾でも、数多くの車海老が獲れました。江戸前の天ぷらやお寿司には欠かせない食材です。

【盂蘭盆会《うらぼんえ》】

旧暦の七月十五日から十六日は、ご先祖を供養する日。お盆、精霊会とも。

十二日には「草の市」が立ち、蓮の葉、鬼灯《ほおずき》、燈籠などが売られます。

十三日は「迎え盆」といい、先祖を迎える精霊棚をつくり、キュウリとナスの「精霊馬」を飾ります。キュウリは馬、ナスは牛です。夜には門口で「迎え火」を焚き、先祖が迷わずに帰ってこれるよう、盆提灯や燈籠などを灯します。

十六日は「送り盆」で、先祖があの世に戻れるように送り火を焚いて送り出します。

お盆の日取りは地域によって、旧暦、新暦、月遅れなどさまざまです。

【お中元・暑中見舞い《おちゅうげん・しょちゅうみまい》】

お中元の起源は中国の道教にあります。旧暦一月、七月、十月の十五日を、「上元」「中元」「下元」（三元節）としてお祝いしていました。このうち中元が日本のお盆行事と重なり、祖先を供養し、お世話になった方にあいさつ回りをして贈り物をするようになったのが「お中元」のはじまりです。新暦でお盆を迎える関東などでは七月初旬から十五日頃、旧暦でお盆を迎える関西などでは八月十五日頃に贈ります。

暑中見舞いも、その名残です。小暑がはじまる七月七日頃から立秋の前の八月六日頃までの「暑中」の時期に出しましょう。

どちらも、立秋を過ぎたら「残暑見舞い」とします。

ちなみに、目上の人には「～お伺い」として送ります。

候のメモ　疲れた肌に、手づくりの「キュウリ化粧水」がおすすめです。

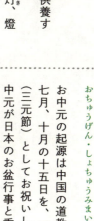

小暑・末候・鷹乃学習

鷹乃学を習う

たかすなわちわざをならう

第三十三候

鷹の子が空を飛ぶことを覚えて、巣立ちを迎えるころ。「小暑」最後の候。

五月から六月にかけて孵化した鷹のヒナは、巣の中で羽ばたいてみたりしながら、獲物を捕ることを学んでいく。猛禽類の鷹は、鳥の王者。梅雨が明けた空を高く飛ぶ日が待ち遠しい。熱風が吹き、蓮が開き、鷹は巣立つ。そして次の節気がはじまる。

＊ 季のことば

【鷹狩】

たかがり

冬の季語

「鷹狩」は洋の東西を問わず、「君主の猟」。鷹を放って獲物を捕らえる優雅な狩猟は、日本でも古くから公家や武家の間で愛好されました。鷹をあやつる「鷹《たか》匠《じょう》」にとって、鷹の子が飛翔を覚えるこの季節は、とても重要だったことでしょう。「鷹」の季語は冬。

＊ 季のむし

【揚羽蝶】

あげはちょう

俳句の世界では、単に「蝶」といえば春の季語ですが、「揚羽蝶」は夏の季語となります。キアゲハ、クロアゲハ、カラスアゲハなど、揚羽蝶の仲間はいずれも大型で羽の文様が美しく、人々に愛されています。

うつうつと最高を行く揚羽蝶　永田耕衣

土用鰻《どよううなぎ》

「本日、土用丑の日」。江戸時代、うなぎ屋に張り紙をして店を繁盛させたのは、発明家の平賀源内。〝夏の土用の丑《うし》の日は、「う」のつく鰻を食べて夏バテを解消しよう。〟土用鰻の習慣は、そこから全国に広まりました。

土用の丑の日には、鰻のほか「う」のつく瓜、梅干し、うどんなどを食べるとよいとされます。「土用蜆《しじみ》」「土用卵」「土用餅」を食べる習慣も。

土用 どよう

雑節のひとつで、夏の土用は、七月二十日頃からはじまり、立秋までの十八日間です。現在、「土用」といえば「夏の土用」ですが、立春・立夏・立秋・立冬の前それぞれにあります。古代中国の陰陽五行説（木・火・土・金・水）では、春＝「木」・夏＝「火」・秋＝「金」・冬＝「水」。四季の変わり目には「土」をおき、それが「土用」。土用の期間中は、農作業や、建築の基礎工事など「土を掘り起こしてはならぬ」という戒めが、今も伝わります。

丑の日 うしのひ

丑の日の「丑」は十二支の丑。十二支は「今年は辰《たつ》年」などと、今でも使われますが、旧暦では日付や時刻、方角などにも適用されました。日付に割り振られた十二支は、現在の曜日と同じです。十二日に一度、「丑の日」が順番にめぐってきます。十二支に十干《じっかん》を組み合わせたものが「干支《えと》」。六十通りとなります。

十干 ＋ 十二支 ＝ 干支

十干

甲（こう）	きのえ
乙（おつ）	きのと
丙（へい）	ひのえ
丁（てい）	ひのと
戊（ぼ）	つちのえ
己（き）	つちのと
庚（こう）	かのえ
辛（しん）	かのと
壬（じん）	みずのえ
癸（き）	みずのと

十二支

子（ね）	鼠
丑（うし）	牛
寅（とら）	虎
卯（う）	兎
辰（たつ）	龍
巳（み）	蛇
午（うま）	馬
未（ひつじ）	羊
申（さる）	猿
酉（とり）	鶏
戌（いぬ）	犬
亥（い）	猪

候のメモ 土用丑の日、桃の葉などの薬草を入れた「丑湯」でリフレッシュ。

大暑《たいしょ》

暑気至りつまりたる
時節なればなり

ふと一つ海のあなたの花火かな

坂東みの介

大暑・初候・桐始結花

旧暦六月・文月

第三十四候

桐始めて花を結ぶ《きりはじめてはなをむすぶ》

旧暦六月中。「大暑」最初の候。梢に高く桐の花が実をつけるころ。

桐は、シソ目キリ科の落葉高木。成長が早く、高さが八〜十六メートルほどにも。高い梢の先に香り高い紫色の花をつけるが、見あげても姿が見えないこともある。節気「大暑」はうだるような暑さの中でも、楽しい遊びでいっぱいの季節。「桐始結花」からはじまり、蒸し暑い「土潤溽暑」、夕立の降る「大雨時行」の三候。

＊ 季のことば

【極暑《ごくしょ》】

夏の季語

大暑の七月下旬から八月上旬は、一年でもっとも暑い季節になります。浴衣に下駄スタイルでの花火見物、海や川での水遊びやキャンプなど、夏ならではの楽しみも待っています。「炎天」「酷暑」「盛夏」は、この時期の暑さを表現しています。「日盛り」は、一日のうちでもっとも暑い正午から三時ごろまでをいいます。

兎も片耳垂るる大暑かな　芥川龍之介

＊ 季のきのはな

【桐の花《きりのはな》】

原産地は中国。鳳凰《ほうおう》が棲む神聖な樹木とされています。日本でも家紋や紋章の意匠に取り入れられ、「日本国政府の紋章」でもあります。火に強く湿気を通さない良質な木材として重宝され、下駄や箪笥、箏《こと》などの材料となります。かつて日本では女子が生まれると桐を植え、そののち嫁入り道具として、その桐で箪笥をつくる風習もありました。

【天神祭《てんじんまつり》】

日本三大祭のひとつ。菅原道真の命日にちなんだ縁日で、七月二十四、二十五日に行われます。日本各地の天満宮で催され、大阪天満宮が有名です。道真の「御神霊」を乗せた奉安船が大川を行き交い、奉安花火が打ちあげられます。

【花火大会《はなびたいかい》】

日本を代表する夏の風物詩。もともとは日本では、送り盆の時期に先祖の霊のために、送り火として打ちあげられていたといわれています。

東京三大花火大会のひとつが「隅田川花火大会」。例年七月最終土曜日に行われます。

一七七三年、時の将軍吉宗が、その前年に起きた災厄の払いのために、両国の川開きの日に施餓鬼《せがき》法要《ほうよう》の水神祭を行い、そこで花火を打ちあげたことがはじまり。両国川開きの花火は、川岸に料理屋が立ち並び、川には船が浮かび、夜までにぎわったそうです。

候のメモ　衣類や書籍の土用干しのころ。梅干しは三日ほど日干しにします。

大暑・次候・土潤溽暑

旧暦六月・文月／葉月

第三十五候

土潤うて溽し暑し

つちうるおうてむしあつし

暑気が土中の水分を蒸発させて蒸し暑いころ。

「溽暑《じょくしょ》」とは、じっとしても汗がにじむような、湿度の高い暑さをいう。地面から陽炎が立ちのぼり、樹木はうっそうと緑濃く、蝉の声もわんわん響く。夏の季語「草いきれ」は、むせるような匂いと湿気を発する草むらのこと。海や川、高原などの避暑地が、涼を求める人々でにぎわうのもこのころ。

＊季のことば

【納涼】すずみ

夏の季語

夏、舟など風が来るところで涼を求めること。風鈴の鳴る縁側で、打ち水した庭を前にして団扇を使い、西瓜《すいか》を食べるのも、納涼の風景です。蚊取り線香の煙もゆらゆらと立ちのぼっています。夕方に涼むことを「夕涼み《ゆうすずみ》」、縁側に出て風にあたることを「端居《はしい》」といいます。

こころいま世になきごとく涼みゐる　飯田龍太

暑気払いの知恵いろいろ

・風鈴…澄んだ音が鳴り、涼を耳で感じ取る
・打ち水…朝夕に道路や庭などに水をまく
・すだれ…陽射しをさえぎり風を通す
・竹枕…通気性がよく、涼しく眠ることができる
・団扇…手であおいで風をおこす
・吊り葱《しのぶ》…シノブの緑が涼を呼ぶ
・蚊取り線香…除虫菊が原料。香りがよい
・緑のカーテン…つる性の植物を絡ませて育てる

* 季の草花

【含羞草《おじぎそう》】

原産地は南米で、世界中に帰化しているマメ科ネムノキ亜科小低木。日本へは江戸時代以降、オランダ船によって渡来しました。触れると葉が閉じて、お辞儀するように垂れ下がり、いかにも恥ずかしがっている様子に見えることが、名前の由来です。夜になるとやはり葉を閉じるので「眠り草」とも。合歓木《ねむのき》は、同じマメ科の仲間で、落葉高木です。

* 季のとり

【翡翠《かわせみ》】

渓流などに生息する小鳥で、光沢あるコバルトブルーの背中とオレンジ色のお腹、長いくちばしが特徴。高いところから急降下して、魚をたくみに捕らえます。その美しさに「空飛ぶ宝石」とも。四季を通じて見られますが、水辺にいる様子が涼しげなので、歳時記では夏の季語になっています。かわせみび、しょうびんとも。

* 季のおかし

暑いときには、身体に負担の少ない手づくりの冷たいおやつが最適です。

バニラアイス

［材料］
牛乳　100cc
砂糖　70g
卵黄　3個
生クリーム　70cc
バニラエッセンス　少々

①ボウルに卵黄と砂糖を入れ、泡立て器でよく混ぜる。
②牛乳と生クリームを混ぜ、鍋で沸騰直前まで火にかける。
③①とバニラエッセンスを②の鍋に入れる。
④バットに③を入れて、冷凍庫で4時間冷やす。
⑤固まったらかきまぜて空気を入れてまた冷やすを2回。

候のメモ　暑い時期、身体をいたわる朝の一杯の白湯がおすすめです。

大暑・末候・大雨時行

第三十六候

大雨時行る

たいうときどきにふる

時に激しい大雨が降るころ。晩夏、「大暑」の最後の候。夏の終わり。

昼間の蒸し暑さが極限に達したころに、夕立が降る。すると打ち水をしたように気温が下がる。濡れた大地の匂いが気持ちよく、暑さのやわらいだ風に次の季節の気配を感じる。

桐の花が咲き、天地の暑さが極まり、大雨が降る。

夏は去り、秋が来ようとしている。

旧暦六月・葉月

＊ 季のことば

【夕立】ゆうだち

夏の季語

「白雨」とも書きます。ゆだちとも。

夏の午後、明るい空が急に暗くなり、入道雲がみるみる盛りあがったかと思うと雷が鳴り、篠《しの》つく雨が降りだします。道ゆくひとは、肘を笠にして驟《しゅう》雨《う》の中を走ります。そしてあっという間に雨はあがり、一陣の涼風をもたらします。明るく澄み切った夕空には虹が現れることも多く、暑さにあえぐ動植物への喜雨となります。

夏の雨のなまえいろいろ

- 緑雨《りょくう》…新緑のころに降る雨
- 麦雨《ばくう》…麦が熟するころ降る雨。五月雨《さみだれ》
- 走り梅雨…梅雨に先立って、ぐずついて降る雨
- 五月雨《さみだれ》…旧暦五月頃に降る長雨
- 喜雨《きう》…日照り続きのときに降る雨。雨喜び
- 酒涙雨《さいるいう》…旧暦七夕の日に降る雨。織姫の涙
- 篠《しの》つく雨…篠竹を束にして地面を突くような豪雨
- 驟雨《しゅうう》…急に激しく降りだす雨。驟雨
- 肘笠雨《ひじかさあめ》…にわか雨。肘を頭の上にあげ、袖を笠の代わりにするような雨

＊ 季のむし

【甲虫《かぶとむし》】

子どもの夏休みといえば昆虫採集。なかでもカブトムシは、クワガタムシと並んで人気の的。クヌギやブナなどの広葉樹の樹液を好むので、雑木林の中で出会うことができます。

＊ 季のやさいくだもの

【西瓜《すいか》】

庶民の夏には欠かせない果物、スイカ。アフリカ原産といわれ、十世紀に中国、日本には十六世紀頃に渡来しました。「西瓜（シイグワ）」という名前はもともと中国のもので、中国から見て西域の中央アジアから伝わったことに由来します。歳時記では初秋の季語。

スイカには身体を内側から冷やす効果があります。大きなタライや流しなどに冷たい水を張り、濡れタオルで覆ったスイカを入れ、水から浮くようにすると、よく冷えます。

＊ 季の草花

【向日葵《ひまわり》】

真夏の太陽の花、ヒマワリ。キク科原産は北米のテキサスやカリフォルニアで、和名では「日輪草（ニチリンソウ）」「日車（ヒグルマ）」です。「向日葵」というと大輪の花を連想しますが、野生種ではさほど大きな花をつけません。現在よく見る大輪の花は、品種改良されたもの。日本に入ってきたのは十七世紀と言われています。ヒマワリ油を採取するため、世界で広く栽培されていて、古いイタリア映画「ひまわり」では地平線まで続く、現ロシアの広大なヒマワリ畑に圧倒されます。

候のメモ　七月七日、八月四日は浴衣の日。日本の夏を浴衣で楽しみます。

立秋《りっしゅう》

初めて秋の気
立つがゆえなればなり

まざまざといますが如し魂《たま》祭《まつり》

北村季吟

立秋・初候・涼風至

第三十七候

涼風至る《すずかぜいたる》

初秋。旧暦七月節。「立秋」最初の候。暑さの中に、一筋の涼しい風を感じるころ。


節気「立秋」は、暦の上では秋に入る季節。この日から新暦十一月六日頃までが秋。

一瞬の風や虫の声、霧の気配などに秋の訪れを感じ取る。

「涼風至」からはじまり、ヒグラシの鳴く「寒蝉鳴」、霧が立つ「蒙霧升降」の三候。

＊ **季のことば**

【鰯雲《いわしぐも》】

秋の季語

夏の終わり。ふとある日、夕暮れどきに小さな雲の固まりが、イワシの群れのように広がっていることに気づくことがあります。残暑の厳しさの中、秋の訪れを知る瞬間です。

イワシ雲は秋の代表的な雲で、正式名は巻積雲《けんせきうん》。鱗雲《うろこぐも》、鯖雲《さばぐも》とも。

この雲が現れると、イワシが豊漁といわれます。


いわし雲大いなる瀬をさかのぼる　飯田蛇笏

旧暦七月・葉月

＊ 季のさかな

【金魚《きんぎょ》】

夏祭りや秋祭り、立ち並ぶ露店の中で、子どもたちが必ず足をとめるのが金魚すくい。「ポイ」という和紙を貼った枠で金魚をとり、透明の袋に入れて持ち帰るときは、祭りの高揚感とあいまって、とても楽しいものです。

金魚はフナ科の鑑賞魚で、中国原産です。突然変異種である緋鮒《ひぶな》を改良したもので、日本に渡来したのは室町時代。当初は贅沢品でしたが、江戸時代に養殖がさかんになり、庶民の間でも飼育が流行しました。和金《わきん》、流金《りゅうきん》、出目金《でめきん》、蘭鋳《らんちゅう》などの品種があります。

金魚鉢の中、尾びれをゆらして泳ぐ様子が涼しげで、歳時記では夏の季語とされています。

金魚大鱗夕焼の空の如きあり　松本たかし

＊ 季のやさい

【玉蜀黍《とうもろこし》】

焼きトウモロコシの香ばしい匂いもまた、祭りには欠かせない風物詩。「トウキビ」ともいいます。トウモロコシはイネ科植物で、米・小麦と並んで世界の三大穀物のひとつです。南米のインカ帝国では、階段状の農地をつくり、そこで大規模に栽培していました。

トウモロコシご飯

［材料］

米　2.5合 ┐
酒　大さじ3 │ A
塩　少々 ┘
昆布（10㎝角）1枚
トウモロコシ　2本

①トウモロコシは皮をむき、包丁で実を芯からそぎ落とす。
②炊飯器に米と同量の水、A、トウモロコシの実、昆布をのせてスイッチを入れる。
（芯を入れてもおいしい）
③炊きあがれば、昆布を取りだして、できあがり。

候のメモ　暑中見舞いは立秋前日まで。立秋を過ぎたら「残暑見舞い」を出しましょう。

立秋・次候・寒蝉鳴

第三十八候

寒蝉鳴く《ひぐらしなく》

カナカナカナと、秋の訪れを告げるようにヒグラシが鳴きはじめるころ。

朝と夕方に響くヒグラシの声は、去りゆく夏を惜しんでいるようだ。「寒蝉」とは、「かんせん」「かんぜみ」とよみ、秋に鳴く蝉のこと。日が落ちると蝉のほか、虫たちが鳴きはじめ、その声に秋の訪れを感じる。旧暦でお盆を行う地域は十三日頃からはじまる。京都の五山の送り火は有名。

旧暦七月・葉月

＊ 季のことば

【秋の蝉】あきのせみ

秋の季語

夏の終わりを告げる蝉を「秋告げ蝉」といいます。実は、七十二候の「寒蝉」の正体には諸説あり、蜩《ひぐらし》のほか、立秋のころからオシーツクツク、ツクツクボーシと鳴きだす「法師蝉《ほうしぜみ》」も候補になっていいます。秋も深まっていくにつれ、蝉の声もだんだん弱くなり、最後は静かになります。

蜩の最後の声の遠ざかる　稲畑汀子

＊ 季のまめ

【枝豆】えだまめ

よく冷えたビールのおいしい季節。そのおつまみといえば、枝豆です。大豆を枝や莢《さや》ごと塩ゆでにするので、「枝豆」。莢から出してゆでた豆は、枝豆とはいいません。

十五夜にお供えすることから月見豆の異名があります。

魂祭《たままつり》

お盆とは、旧暦七月十三日から十六日にかけて行われる、先祖の霊を供養する魂祭のこと。精霊となった先祖を「迎え、慰め、送る」という一連の行事を行います。

供物を供える「霊棚《たまだな》」をつくり、十三日に火を焚いて先祖の霊を迎えます。この世に帰ってきた霊を慰めるため、かつては十五夜の満月の下で歌い踊っていたものが「盆踊り」です。

そして十六日、送り火を焚き、川や海に灯籠や御船を流し、先祖の霊をあの世に送り返します。

五山の送り火《ござんのおくりび》

八月十六日の夜、京都を囲む五つの山に、「大文字」「左大文字」「船形」「鳥居形」「妙法」をかたどった盆の送り火が浮かびあがります。「大文字《だいもんじ》の送り火」「大文字焼き」とも。京都の、夏の終わりを告げる風物詩です。

盆踊り《ぼんおどり》

八月二日から七日頃に行われる青森のねぶた祭りでは、「ねぶた（ねぷた）」と呼ばれる巨大な人形灯籠を乗せた山車と、その周りで踊る「はねと」が有名です。

徳島県の阿波踊りは八月十三〜十七日頃、数十人が連《れん》といわれる組をつくって、二拍子のリズムにのって踊り歩きます。

また長崎県では、新盆に故人を弔う「精霊《しょうろう》流し」が行われます。盆提灯や造花などで飾られた精霊船《しょうろうぶね》に故人の霊を乗せて、川面や海上に浮かべます。

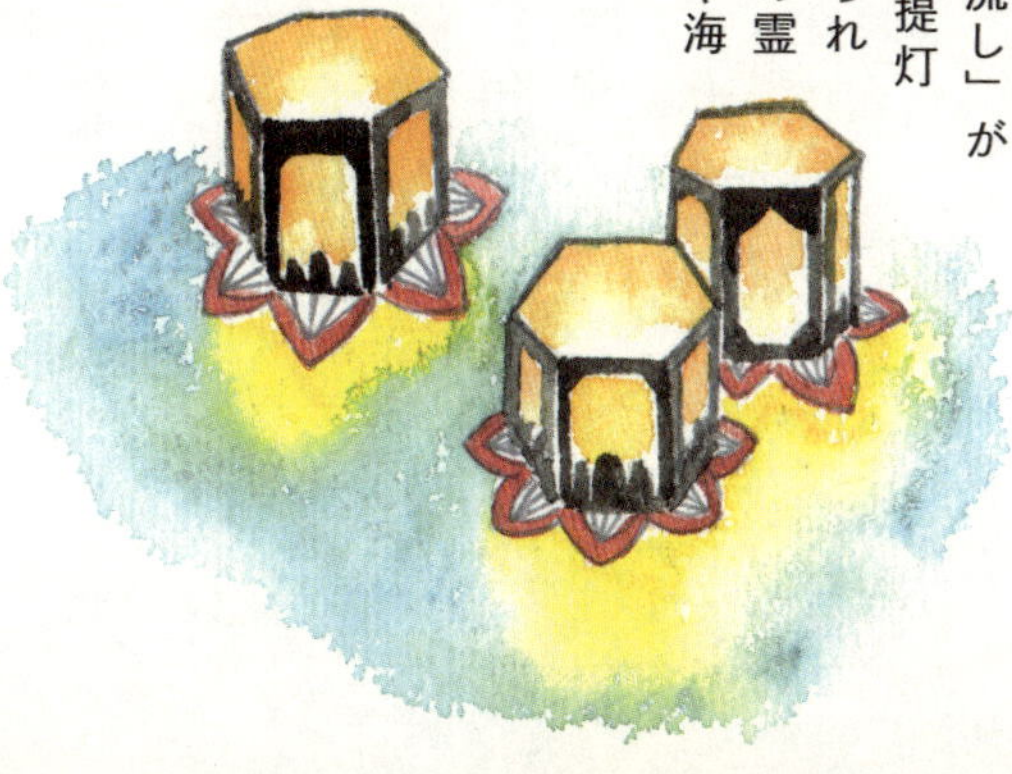

候のメモ

桃の皮がうまくむけないときは、湯にくぐらせてから氷水で冷やすとツルリとむけます。

立秋・末候・蒙霧升降

旧暦七月・葉月

第三十九候

蒙き霧升降う《ふかききりまとう》

深い霧がまとわりつくように立ち込めるころ。「もうむしょうこうす」とも読む。

蒙霧《もうむ》は、もうもうと立ち込める深い霧のこと。升降は昇降と同じ。残暑は厳しいが、朝夕の気温が下がり、高原や森、水辺で白い霧が立ち込める。風に涼しさが混じり、ヒグラシが鳴き、霧が立つ。そして次の節気に移る。

＊ 季のことば

【霧《きり》】

秋の季語

細かな水滴が大気中に漂い、白い煙のように立ち込める現象。平安時代以降、春に起きる同じ現象を霞と呼び、霧は秋のものとなりました。のどかな「霞」に対して「霧」は冷やかです。心が晴れないとき、迷ったときの「五里霧中」などのように、心の象徴にも使われます。

霧や靄などで視界が悪いとき、船同士や灯台が鳴らす霧笛《むてき》には、どこか切ない情緒が漂います。

霧のなまえいろいろ

- 朝霧…朝に立つ霧
- 夕霧…夕方に立つ霧
- 夜霧…夜に立つ霧
- 川霧…川に立つ霧。初冬のころに発生する蒸気霧
- 海霧…海上で発生する霧。「かいむ」「ガス」とも
- 薄霧…薄くかかった霧
- 煙霧…大気中に乾いた微粒子が浮遊し、空気が濁ってみえる現象
- 迷霧…方角のわからないほどの深い霧
- 氷霧…大気中に氷の結晶が浮遊している現象

＊ 季の草花

【白粉花】おしろいばな

南米原産で、江戸時代に渡来しました。

名前の由来は、種子の中に胚乳の白い粉があること。かつての子どもたちは、この粉を白粉《おしろい》として顔につけ、花の蜜を吸って遊びました。

午後三時過ぎに香りの高い花を咲かせるため、「夕化粧」の別名も。英語では「午後四時 Four o'clock」とも呼ばれます。

オシロイバナは夕方から咲きはじめ、夜を通して芳香を放ちますが、それはスズメガなどの夜行性の昆虫を、引き寄せるためです。

＊ 季のさかな

【鱸】すずき

古事記において「須受岐（スシュキ）」の名で、大国主神の国譲りの宴に饗されたスズキ。万葉歌人にも詠まれ、平清盛の逸話にも登場します。江戸時代の学者・貝原益軒の書に「その身白くて〝すすぎたる〟ように清げなる魚なり」とあるように、美しい白身魚です。

旬は六～八月。

成長とともに名前の変わる出世魚で、三十センチ以下をセイゴ、三十～六十センチをフッコ、六十センチを超えたものをスズキといいます。

島根県宍道湖の、一匹を丸ごと奉書紙に包んで蒸し焼きにする「スズキの奉書焼き」は、出雲を代表する郷土料理です。

作家の池波正太郎も絶賛した落ちスズキの塩焼きをはじめ、刺身や煮つけ、揚げ物にしてもおいしいです。特に旬の夏スズキは、薄いそぎ身を氷水で締めた「洗い」が絶品です。

候のメモ　京都を中心に近畿地方では、旧暦七月二十四日頃に地蔵盆を行います。

処暑《しょしょ》

陽気とどまりて、初めて退きやまんとすればなり

摘みもてる秋七草の手にあふれ

杉原竹女

処暑・初候・綿柎開

第四十候

綿柎開く《わたのはなしべひらく》

旧暦五月中「処暑」最初の候。綿を包むガクが開くころ。

「柎」とは、はなしべ、花のガクのこと。丸い実がはじけると白いコットンボールが現れる。

節気「処暑」は、暑さがやわらぐ時期。作物の収穫期を迎えるが、台風シーズンでもある。

「綿柎開」からはじまり、朝夕が涼しくなる「天地始粛」、穀物が実る「禾乃登」の三候。

旧暦七月・葉月

＊季のことば

【綿摘む《わたつむ》】

秋の季語

ふわふわとした白いコットンボールは、種を包んだ綿花です。晴天の日を選んで摘み取り、日にさらします。種を取って綿毛だけにして綿打ちし、ほぐして糸車で糸にします。

日本での栽培は難しく、綿は長らく貴重品でした。江戸時代に栽培が普及し、綿織物は貴人も庶民も隔てなく、その肌を温めました。

＊季の草花

【秋桜《あきざくら》】

「秋桜」はキク科コスモスの和名。メキシコ原産で、日本には明治時代に渡来しました。桃色、白、赤などの花を咲かせ、日本の秋を美しく彩ります。

「コスモス（cosmos）」はギリシャ語で秩序、調和。ラテン語では宇宙を意味します。

＊季のさかな

【鰯《いわし》】

鮮度がすぐ落ちてしまうイワシ。「卑しい」「弱い」が語源とも。栄養価が高く安価。庶民の魚として、日本人の暮らしを支えてきた魚です。

イワシの梅煮

［材料］

イワシ　4尾
ショウガ　1片（薄切りに）
梅干し　大2個
醤油　大さじ2
酒　大さじ1
みりん　大さじ1½
砂糖　小さじ1
（醤油〜砂糖：A）

①イワシはウロコ、頭、内臓を取り除いてよく洗い、水気を取る。
②鍋にA、水180ccを入れて火にかけ、煮立ったらイワシを並べ入れる。梅干しとショウガも入れる。
③落し蓋をし、煮汁をかけながら弱火で20分ほど煮る。
④皿に盛りつけ、残った煮汁をかけてできあがり。

＊季のよもやま

【秋の七草《あきのななくさ》】

秋の野に咲きたる花を指《および》折り
かき数ふれば七種の花

萩《はぎ》の花　尾花《おばな》　葛花《くずはな》　瞿麦《なでしこ》の花　女郎花《おみなえし》
また藤袴《ふじばかま》　朝貌《あさがお》の花

山上憶良《やまのうえのおくら》

萩の花	ハギ	マメ科。お彼岸の「おはぎ」は、萩が咲くころにつくられるから。
尾花	オバナ、ススキ	イネ科。尾花とは、ススキのこと。穂が出た状態を動物の尾に例えた。
葛花	クズ	マメ科。漢方薬の「葛根《かっこん》」は、根を乾燥させたもの。
瞿麦の花	ナデシコ	ナデシコ科。日本女性を指す「大和撫子」は、この花から。
女郎花	オミナエシ	オミナエシ科。白い花もあり、それを「男郎花」オトコエシという。
藤袴	フジバカマ	キク科。香りが高く、平安貴族は湯に入れたり、衣服や髪につけた。
朝貌の花	アサガオ／キキョウ	キキョウ科。ヒルガオ科の朝顔ではなく、桔梗《ききょう》のこと。

候のメモ　八月二十六、二十七日は、富士山登頂の季節の終わり。「吉田の火祭り」が行われます。

処暑・次候・天地始粛

第四十一候

天地始めて粛し

てんちはじめてさむし

天地の暑さがようやくおさまり、涼しくなりはじめるころ。

「粛」は縮む、しずまるという意味。暑さもようやく峠を越えた。気象学的な区分では、九月一日から秋。学校では新学期がはじまる。空も大地もすべてが粛《しゅく》し、夏から秋へと新しい季節に改まる。

旧暦七月・葉月／長月

＊季のことば

【秋涼し】

あきすずし

秋の季語

秋はじめての涼しさをいいます。「新涼《しんりょう》」「秋涼《しゅうりょう》」「涼新た」とも。夏の季語「涼し」は、暑さの中で感じる、夕暮れどきや水辺などでの一時的な涼しさ。一方「秋涼し」は、秋の訪れとともに確かな涼しさがきたという、季節の移ろいへの新鮮な感慨が込められています。

新涼や尾にも塩ふる焼肴　鈴木真砂女

＊季のとり

【百舌鳥】

もず

高い梢などにとまり、キ、キ、キーキーと鋭い声で鳴きます。これが「モズの高鳴き」。秋の澄み切った空によく響き、「秋告げ鳥」の名も。モズは小さく可愛らしい姿に似合わず、昆虫や小鳥を一撃で捕食する、優秀なハンターです。しとめたトカゲなどを枝先や木のトゲなどに刺しておく「モズの早贄《にえ》」が有名です。

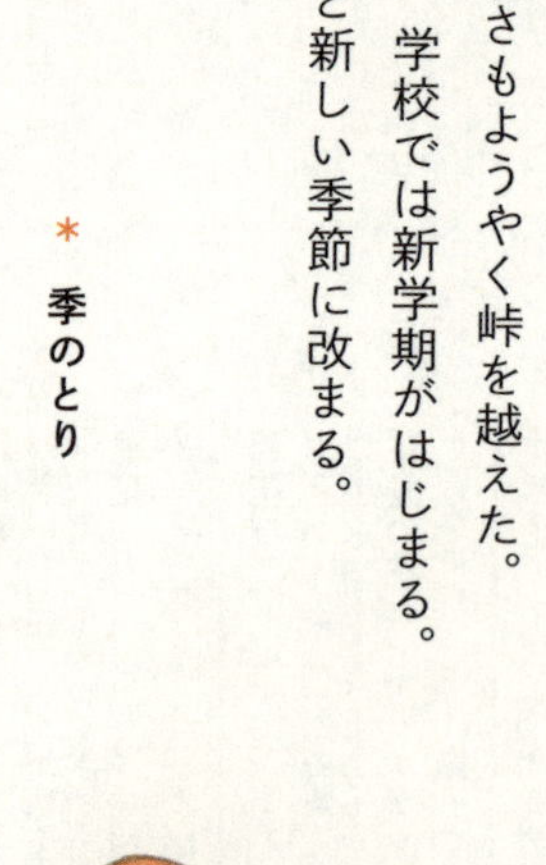

＊季のならわし

二百十日《にひゃくとうか》

雑節のひとつ。新暦の九月一日、二日頃は、立春から数えて二百十日目。稲の開花期であり、台風の時期にあたります。農家はせっかく実ろうとする稲を荒らす風を警戒し、厄日としてきました。また、十日後の二百二十日（九月十一日、十二日頃）も同じです。

農作物を風雨の被害から守るため、日本各地で風鎮めの儀式や祭りが行われますが、富山の「おわら風の盆」もそのひとつです。

宮沢賢治の『風の又三郎』は、新学期初日の九月一日、強い風の中、村の小さな分校に転校してきた少年をめぐる十日間ほどの物語です。村の子どもたちは、転校生を風の神の子と思い、憧れ、恐れます。

どっどど　どどうど　どどうど　どどう、
青いくるみも吹きとばせ
すっぱいかりんもふきとばせ
どっどど　どどうど　どどうど　どどう
（宮沢賢治『風の又三郎』より）

虫送り《むしおくり》

晩夏から初秋にかけて、稲などにつく害虫を追い払うために行われてきた農村行事です。

夜間に、火をつけた松明《たいまつ》を連ね、かねや太鼓を打ち鳴らしながら畦道を通り、「虫」を送り出します。

＊季のくだもの

無花果《いちじく》

アダムとイブの時代から、その名も高いクワ科のイチジク。不老長寿の果実ともいわれます。エデン追放の原因となった「禁断の果実」もリンゴではなく、イチジクであったとか。

古代エジプトの壁画にはブドウとともに描かれ、古代ギリシャ・ローマでも栽培されていました。南アラビア原産で、日本には江戸時代に渡来。花がないように見えるのでこの字をあて、「映日果」とも書きます。

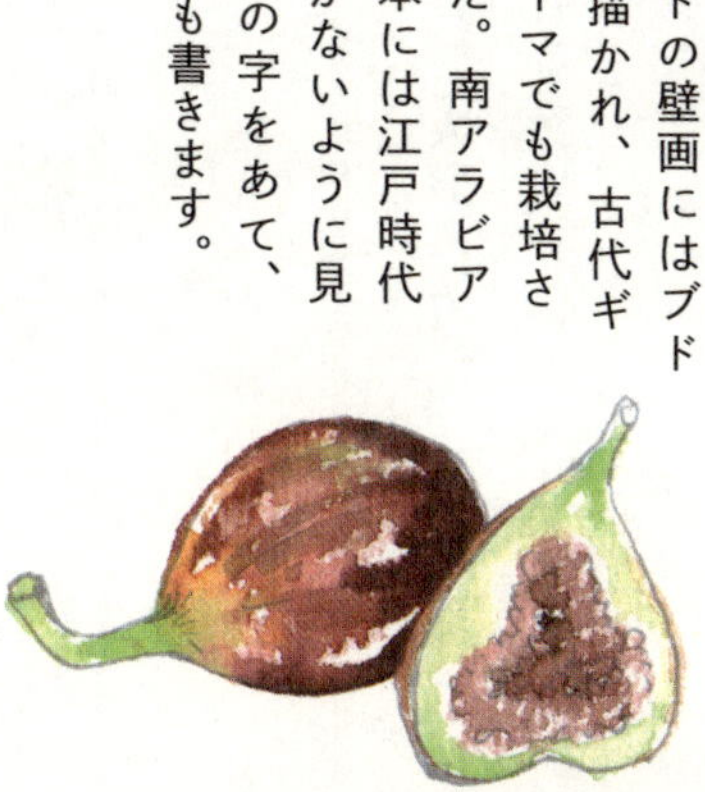

候のメモ　九月一日は防災の日。非常持ち出しグッズを点検しましょう。

処暑・末候・禾乃登

第四十二候

禾乃登る

こくものすなわちみのる

稲が実り、穂を垂らすころ。「禾」は稲穂が実ったところを表した象形文字。

「処暑」最後の候。田んぼ一面に黄金色に実った稲穂が、風に揺れる姿は美しい。台風の襲来も多く、農業が無事に進むように祈る祭りも行われる。綿の実がはじけ、天地が涼しくなり、稲が秋を迎えた。そして次の節気に移る。

旧暦七月・長月

＊季のことば

【野分】のわき／のわけ

秋の季語

台風の古い名で、秋の野を吹き分けるようにして吹く強い風のことです。

「野分」の言葉は、平安文学にも登場します。清少納言は「野分のまたの日こそ、いみじうあはれにをかしけれ」と、垣根や前栽、草花などが乱れている様子を『枕草子』に書き記しました。

紫式部は『源氏物語』第二十八帖「野分」の章で、光源氏の息子夕霧の、思春期の心の揺れを風に託して表現しています。

秋の風のなまえいろいろ

・芋嵐…サトイモの葉を騒がせる強い風
・色なき風…無色透明で、はなやかな色も艶もない風
・送《おく》り南風《まぜ》…陰暦七月、盂蘭盆を過ぎて吹く南風
・雁渡し…雁が渡ってくるころの北風
・金風《きんぷう》…五行思想から。秋風、西風のこと。黄金色の稲穂を揺らす風
・鮭颪《さけおろし》…秋の中頃、鮭が産卵するころに吹く強い風
・爽籟《そうらい》…音を鳴らしながら爽やかに吹く秋風
・盆東風《ぼんこち》…お盆のころに吹く、秋を感じさせる東からの風

季のならわし

八朔《はっさく》

旧暦の八月朔日の略で、田の実の節句といいます。現在は新暦九月上旬に、早稲をささげ、豊作を祈る「八朔祭」が各地で行われます。

この時期、「実るほど首《こうべ》を垂れる稲穂かな」のことわざの通り、稲穂の先が重くなり、垂れ下がっていきます。昔、その初穂を恩人に贈り、秋の実りの前祝いをしたことがはじまり。「田の実」を頼みにかけ、武家や公家の間でも、お世話になっているひとに贈り物をするようになりました。

柑橘類の「八朔」は、一八六〇年頃に広島県因島のお寺で発見された品種で、住職が「八朔のころに食べられるだろう」といったからその名がついたとか。

季の草花

風船葛《ふうせんかずら》

ムクロジ科の熱帯性のつる性植物。巻きひげを伸ばし、フェンスや支柱などに絡ませながら、ぐんぐんと成長していきます。

夏に白い小さな花が咲き、秋には、紙風船のような袋状の果実が実ります。はじめは緑色ですが、やがて茶色に枯れてゆきます。

熟した種は、全体が黒くハート型の白い模様ができます。それをサルの顔に見立てて、子どもが遊んだりします。

夏によく茂るので、「緑のカーテン」として、家庭でも多く育てられています。

花言葉は、「あなたと飛び立ちたい」「いっしょに飛びたい」。

夢の夢また夢風船かづらかな　小澤克己

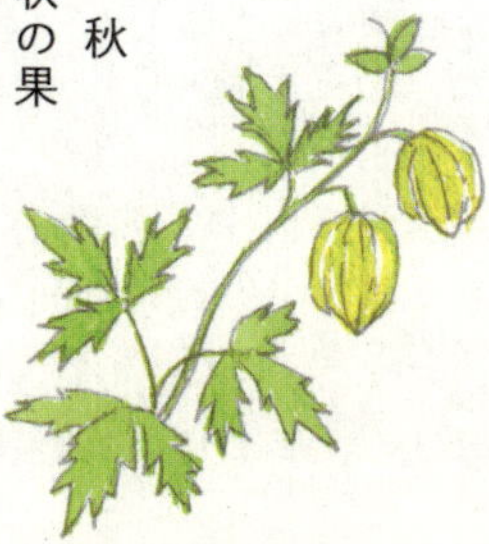

候のメモ　九月六日は、「九」「六」のごろ合わせで「黒豆の日」。おやつに黒豆大福はいかがでしょう。

白露《はくろ》
陰気ようやく重なりて、
露こごりて白色《はくしき》となればなり

蓮《はす》の中羽搏《はう》つものある良夜かな

水原秋桜子《しゅうおうし》

白露・初候・草露白

旧暦八月・長月

第四十三候

草露白し

くさのつゆしろし

仲秋。旧暦八月節。「白露」最初の候。草に結んだ露が白く光って見えるころ。


節気「白露」は、大気が冷えはじめ、露が白々と降りてくる季節。

澄み切った秋空と夜空が美しいのもこのころ。旧暦八月十五日の満月を仲秋の名月という。

「草露白」からはじまり、セキレイの鳴く「鶺鴒鳴」、ツバメが帰る「玄鳥去」の三候。

＊季のことば

【露】つゆ

秋の季語

秋になると、夜から明け方にかけて、空気は冷えて水蒸気は露となります。太陽が昇ると消えてしまうことから、はかない命や人生の象徴となります。そこから露の世、露の身という言葉が生まれました。

「露けし」は、露に濡れ湿っぽいこと。涙に濡れているという意味も込められます。


露の世は露の世ながらさりながら　小林一茶

五節句について

五節句は「五節供」とも書きます。季節の薬草によって邪気を祓います。

・一月七日　人日《じんじつ》　七草の節句……七種類の若草
・三月三日　上巳《じょうし》　桃の節句……桃・ヨモギ
・五月五日　端午《たんご》　菖蒲の節句……菖蒲《しょうぶ》
・七月七日　七夕《しちせき》　笹の節句……竹・瓜
・九月九日　重陽《ちょうよう》　菊の節句……菊

＊季のならわし

重陽の節句《ちょうようのせっく》

九月九日は、五節句のひとつ「重陽の節句」。長寿を願い、邪気を祓うために菊を飾ることから、「菊の節句」ともいいます。江戸時代からは栗ご飯を食べるようになり、「栗の節句」とも呼ばれます。

旧暦の九月九日は新暦十月の中頃にあたり、まさに菊の美しい季節です。

古来より、奇数は縁起のよい陽数と考え、その奇数が連なる日をお祝いしたのが五節句のはじまり。中でも一番大きな陽数である「9」が重なる九月九日は、「重陽の節句」として、大変めでたい日だと考えられていました。

また、庶民の間では「お九日（おくんち）」と呼ばれ、秋の収穫祭と合わせて祝うようになりました。有名な「長崎くんち」「唐津くんち」はその名残です。

この日はひな人形を菊とともに飾ることもあり、それを「後《のち》のひな」といいます。

＊季の行事食

栗ご飯《くりごはん》

重陽の節句は栗の節句。栗ご飯を食べて収穫を祝ったといわれます。酒の盃に菊の花を浮かべ、菊の香を移した「菊酒」も添えます。

[材料]

栗　1カップ
もち米　白米　合わせて2合
塩　小さじ1
酒　大さじ1
昆布　5㎝角　1枚
ユズの皮　適量

☆下準備として、栗の鬼皮と渋皮を包丁でむいて一口大に切り、薄めの塩水に半日つけて、アクを抜く。

①白米ともち米は一緒にといで、30分間水に浸す。昆布を水2カップに入れてだしをとる。
②水を切った米に、昆布だしをとった水と酒、塩、アクを抜いた栗を加えて炊く。
③器に盛り、ユズの皮の千切りを散らしてできあがり。

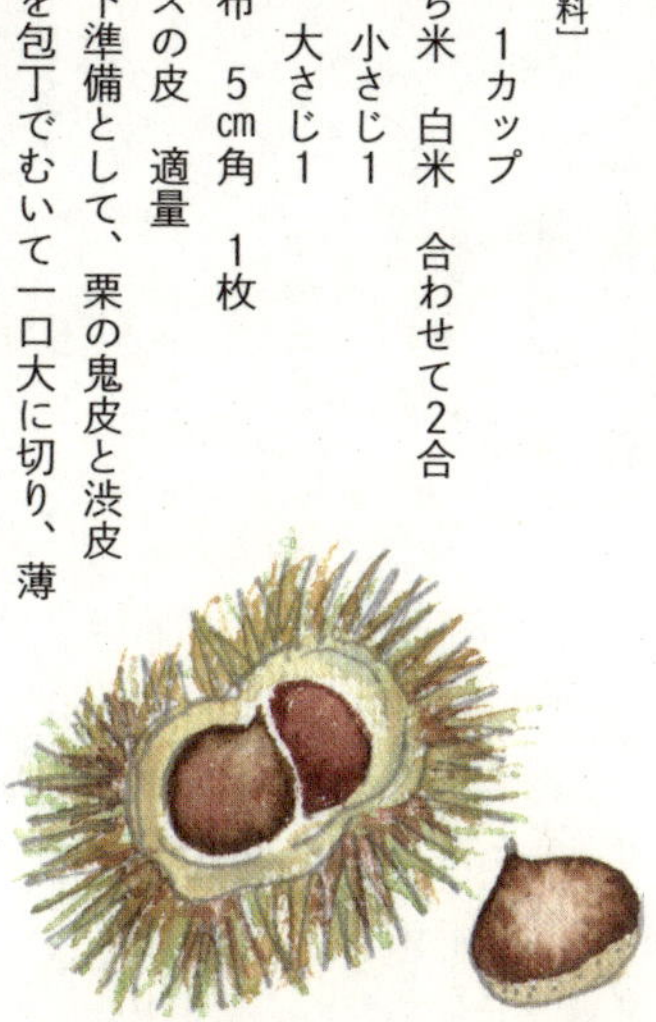

候のメモ　立春から二百二十日のころです。嵐の襲来に注意しましょう。

白露・次候・鶺鴒鳴

第四十四候

鶺鴒鳴く《せきれいなく》

セキレイが尾を上下に振って地面を叩き、チチィ、チチィと鳴きはじめるころ。

セキレイは神様に恋を教えた鳥。幸運、幸福を告げる縁起の良い鳥。人や車を先導するように、尾をしきりに動かし、飛び跳ねる。細い脚と長いくちばしが特徴。白と黒の羽がスマートな印象だ。特にこの季節に鳴くわけではないが、秋の季語にもなっている。

＊季のことば

【月見《つきみ》】

秋の季語

旧暦八月十五日の満月を「仲秋の名月」と呼び、月見の宴をする習慣は、平安時代からはじまったといいます。秋の収穫祭でもあり、芋を供える「芋名月」とも呼ばれます。ススキを月の出の方角に供え、月から見て上座にあたる左に収穫物、右に月見団子を置きます。

＊季のとり

【鶺鴒《せきれい》】

草地や水辺に棲む小鳥。日本神話の国産みの伝説では、イザナギとイザナミのもとにセキレイが姿を現し、その長い尾を上下に振る動作を見て、二柱の神は夫婦和合の営みを知ったとされています。そのため、「恋《こい》教《おしえ》鳥《どり》」「妹背《いもせ》鳥」「石叩き」の名も。日本ではセグロセキレイ、キセキレイ、ハクセキレイの三種がいます。

旧暦八月・長月

【月の名前】

十五夜だけが月ではなく、その前後の月にもそれぞれ名前があり、愛でられました。

月齢0

新月・朔《さく》
月と太陽が同じ方角になり、まったく見えない

月齢1

繊月《せんげつ》・二日月
糸のように細い月

月齢2

三日月・眉月・若月
弓や剣などに例えられる

月齢6

上弦の月・半月・弓張り月
満月になっていくときの半月

月齢12

十三夜月・栗名月・後の月
満月と並んで愛でられる月

月齢13

小望月《こもちづき》・待宵《まつよい》の月・十四日月
満月前夜の月

月齢14

満月・十五夜・望月

月齢15

十六夜《いざよい》・有明の月
いざようとは、ためらうの意味。十五夜より遅い月の出をためらうと表現

月齢16

立待月《たちまちづき》
さらに月の出が遅れ、立って月を待つ

月齢17

居待月《いまちづき》
家の中でゆったり座って月の出を待つ

月齢18

寝待月《ねまちづき》・臥待月《ふしまちづき》
横になり寝ながら月の出を待つ

月齢19

更待月《ふけまちづき》
夜が更けてから月が出てくる

月齢22
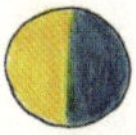

下弦の月・半月・弓張り月
月が欠けていくときの半月

月齢29

三十日月・晦《つごもり》
月が姿を現さない「月ごもり」

候のメモ
中国では、十五夜には月餅を食べて厄払いします。

イラスト　植木ななせ

白露・末候・玄鳥去

第四十五候

玄鳥去る《つばめさる》

ツバメが南の国へと帰るころ。

「白露」最後の候。第十三候「玄鳥至」に対応。

春先にやってきたツバメがだんだんに帰っていく。ツバメのいなくなった秋空には、赤トンボが群れて飛ぶ。草に露が白く、セキレイが鳴き、ツバメが去った。そして次の節気に移る。

旧暦八月・長月

＊ 季のことば

【秋燕】あきつばめ／しゅうえん

秋の季語

子育てを終えたツバメたちは、グループをつくって本州や四国の海沿いから九州、西南諸島を通り、東南アジアの台湾やフィリピン、マレーシアなどへと渡ります。その距離はなんと三千〜五千キロメートルにも及びます。渡る時期は日の長さで、方向は太陽や星の位置から決めていると考えられています。

頂上や淋しき天と秋燕　鈴木花蓑

＊ 季のうみのもの

【昆布】こんぶ

コンブの古名はヒロメ（広布、広芽）。名前の由来は、幅が広く、長く生長するところから。北海道から三陸にかけてが限られた産地。平安の時代から昆布航路ができ、江戸時代には北前船《きたまえぶね》を使い、大阪をはじめ全国に運ばれるようになりました。舟を出して鎌で刈るなどして砂浜に天日干しにします。収穫の旬は七〜九月。

季のさかな

【太刀魚《たちうお》】

名前の由来は、頭を上にして立って泳ぐ「立ち魚」。銀色の刀のようだから「太刀魚」とも。タチウオにはウロコがなく、表面に銀色のグアニン箔がむきだしになっているため、身体がキラキラと銀白に輝いて見えます。獲りたてのタチウオからグアニン箔をとり、これをセルロイドと一緒に練り合わせます。そして、ガラス玉に塗りつければ、模造真珠のできあがりです。上品な味が特に関西の方で好まれます。塩焼きやフライ、バター焼きのほか、味噌漬けの一夜干しなどにしてもおいしいです。秋から初冬が旬です。

季のきのはな

【木犀《もくせい》】

爽やかな風の中、姿は見えねどモクセイの香りに気づくと、秋が来たことを実感します。春の沈丁花《じんちょうげ》、初夏の梔子《くちなし》とならんで「三香木《さんこうぼく》」と呼ばれます。

モクセイは中国原産の常緑樹で、江戸時代に渡来しました。明るいオレンジ色のキンモクセイがよく見られますが、白い花を咲かすものもあり、そちらはギンモクセイといいます。

中国ではキンモクセイを「桂花」と呼びます。伝説では、女神の嫦娥《じょうが》が住む月には桂花の大木があり、秋に月がことさら美しく金色に輝くのは、この花が満開になるからだといわれます。

名月の日には、かの楊貴妃も愛飲した、白ワインにキンモクセイの花を三年間漬け込んだ「桂花陳酒《けいふぁちんしゅ》」でもいただきましょう。

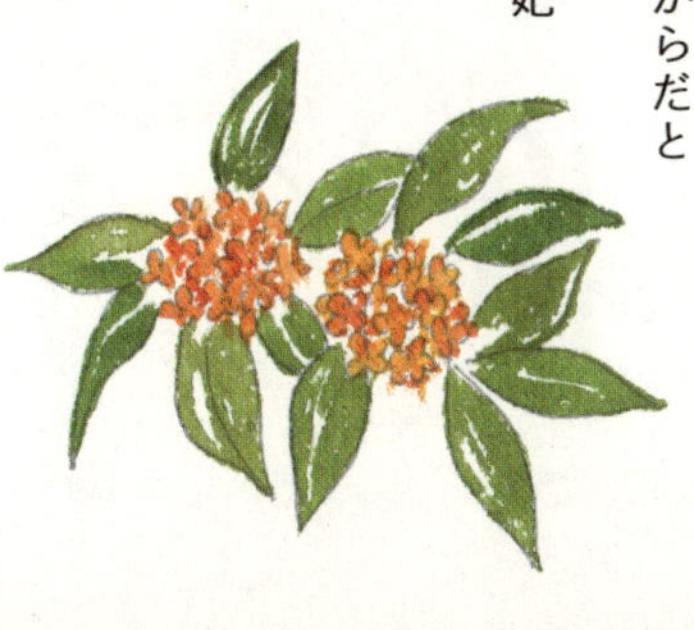

候のメモ　九月の第三月曜日は敬老の日。長寿のお祝いは満六十歳になる「還暦」から。

秋分《しゅうぶん》

陰陽の中分《ちゅうぶん》なればなり

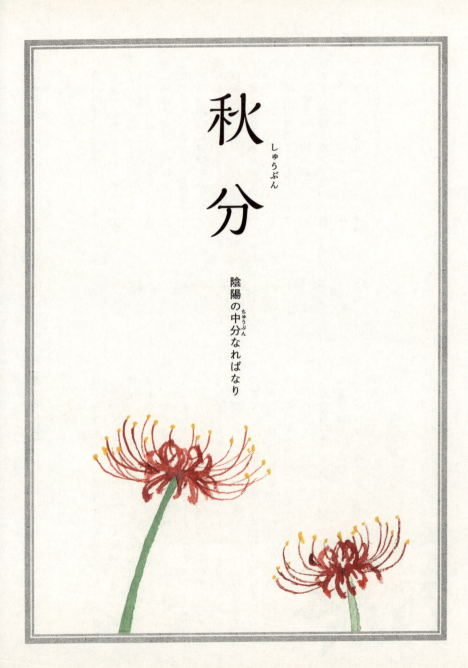

秋彼岸過ぎて射し込む日となりし

平野一鬼

秋分・初候・雷乃収声

旧暦八月・長月

第四十六候

雷乃声を収む

かみなりすなわちこえをおさむ

旧暦八月中。「秋分」最初の候。雷が鳴らなくなるころ。

第十二候「雷乃発声」に対応。夏の間鳴り響いた雷も、声をひそめる。

節気「秋分」は、昼の長さと夜の長さが等しくなり、本格的な秋がはじまる。

「雷乃収声」からはじまり、虫が冬ごもりする「蟄虫坏戸」、田の水が落とされる「水始涸」の三候。

＊ **季のことば**

【稲妻】

いなづま

秋の季語

雷の閃光を稲妻とも稲光《いなびかり》ともいいますが、稲と雷光が交わることで豊作になると信じられていました。「稲妻」とは、「稲の妻（あるいは夫）」という意味です。雷光を「稲魂《いなたま》」とも。閃光範囲が広く、光が強いものは「稲の殿」です。

稲妻のゆたかなる夜も寝べきころ　中村汀女

＊ **季の草花**

【彼岸花】

ひがんばな

ヒガンバナ科の多年草。彼岸のころ、花茎だけをにゅっと伸ばして真っ赤な花を咲かせます。糸の様なおしべとめしべが長く飛び出しているので、線香花火のようにも見えます。「曼珠沙華《まんじゅしゃげ》」のほか、「幽霊花」「地獄花」という名も。土手や畔道、墓地の近辺に多く見られます。毒草ですが、球根は薬にもなります。水にさらして毒を除去すれば、食用にも。飢饉に備えて植えられたという説もあります。

季のならわし

秋彼岸《あきひがん》

「暑さ寒さも彼岸まで」の言葉の通り、秋分を過ぎると厳しかった残暑も終わります。

彼岸には春、秋と二回あります。春の彼岸を「彼岸」「春彼岸」と呼ぶのに対し、秋の彼岸を「後《のち》の彼岸」「秋彼岸」と呼びます。

季のむし

蜻蛉《とんぼ》

日本では、トンボのことを古くは「秋津《あきつ》」と呼び、大和の国は「秋《あき》津島《つしま》（州）」でした。「せいれい」とも読みます。

高知県では、秋のお盆のころに現れるトンボは先祖の霊であると信じられ、子孫を守り、秋の実りを約束して、山に帰っていくのだといいます。秋空の下、流れるように飛ぶ赤トンボや精霊トンボは、季節の風物詩です。

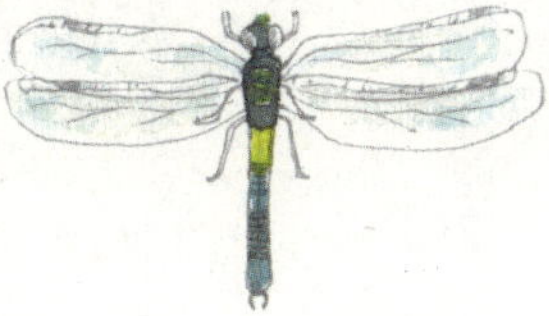

季のさかな

秋刀魚《さんま》

秋の味覚の魚といえば、やはりサンマでしょう。「秋刀魚」という漢字は、形も色も刀に似ていて、秋に獲れる刀のような魚ということから。この時期、産卵前の脂の乗ったサンマは、塩焼きで食すのが一番。

ウロコを取って塩をふり、十分ほどおき、出てきた水分はふきとり、再び塩をふります。表面に焼き色がつくまで遠火の強火で、中までしっかり火を通します。

皿に盛ったら、スダチ、レモン、ユズなどの搾り汁や、ぽん酢、醤油などをかけ、ダイコンおろしを添えていただきます。

七輪の炭火でサンマを焼くと、香ばしい匂いが煙とともに秋空に立ちのぼる——。そのような昭和の光景も遠くなりました。

候のメモ　暑さ、寒さが移り変わる彼岸の時期には、「彼岸そば」で身体を清める習慣があります。

仲秋
9月 10月
28日～2日頃

秋分・次候・蟄虫坏戸

旧暦八月・長月／神無月

第四十七候

虫蟄れて戸を坏ぐ

むしかくれてとをふさぐ

虫たちが土にもぐり、入口の戸をふさぐころ。冬ごもりの支度をする季節。

第七候の「蟄虫啓戸」と対応。寒さが少しずつ深まっていくと、飛び回り、鳴いていた虫たちも巣ごもりの支度をはじめる。

蝶の幼虫はサナギになって冬に備え、テントウムシや蟻は成虫の姿で地中深くにもぐる。

＊季のことば

【蛇穴に入る】

へびあなにいる　秋の季語

蛇は冬眠する生き物で、春の彼岸頃に穴を出て、秋の彼岸頃に穴に入るといわれます。「蛇の穴」には、どこからともなく集まってきた数匹が絡み合っているそうです。

なお秋の彼岸を過ぎても、穴にこもらないでいる蛇のことを「穴まどい」といいます。

それぞれにかたづき顔や蛇の穴　浪化《ろうか》

季のならわし

秋の社日《あきのしゃにち》

秋分の日にもっとも近い戊《つちのえ》の日を「秋の社日」といいます。

社日《しゃにち》とは雑節のひとつで、生まれた土地の守護神である産土神《うぶすながみ》を祀る日です。春と秋にあり、春のものを春社《しゅんしゃ》、秋のものを秋社《しゅうしゃ》といいます。春社には五穀を供えて豊作を祈り、秋社では初穂を供えて収穫に感謝します。

秋の社日は、春、山から下りてきた田の神様が、作物に実りをもたらしたあとに山へ帰る日でもあります。

その土地ごとの、神様を祝う行事はさまざまです。福岡では海辺へ出て砂を持ち帰り、清めとして家の中に敷きます、長野では餅をついてお祝いしたり、群馬では大釜に沸かした熱湯に笹を浸し、それを全身に浴びるなどします。

季のむし

飛蝗《ばった》

バッタ目バッタ科に属する昆虫の総称。

殿様バッタや精霊バッタなど、日本には四十種ほどいます。緑色や灰褐色をして、後ろ肢が長くてよく飛び跳ねます。「キチキチ」「ハタハタ」の異名は、空を飛ぶときの翅の音からきています。

蓑虫《みのむし》

ミノガ科の幼虫で、口から糸を出して小枝や葉をつづり合わせて筒状の巣をつくり、その中に棲んでいます。オスは羽化しますが、メスはこの中で一生を送ります。巣が雨具の蓑《みの》に似ていることから「蓑虫」といいます。

生まれたばかりの幼虫が、巣の外に出て糸を長く伸ばして垂れ下がり、風に吹かれてゆらゆらしている姿は、なんとも言えないおかしみがあります。『枕草子』に「ちちよ、ちちよとはかなげに鳴く」とありますが、実際には鳴きません。

候のメモ　十月一日は、秋の衣替えの日。爽やかな秋晴れの日、虫干しをしましょう。

秋分・末候・水始涸

第四十八候

水始めて涸る《みずはじめてかるる》

旧暦八月・神無月

稲穂の実りの季節。田んぼの水が落とされて涸れるころ。

「秋分」最後の候。いよいよ稲の収穫を迎える水田では、これまで稲を育ててくれた水を落として流す。秋風に黄金色の稲穂がさわさわと揺れる眺めは、日本ならではの情景。雷が鳴りやみ、虫は冬支度をはじめ、田んぼの水は抜かれた。そして次の節気に移る。

＊ 季のことば

【落とし水《おとしみず》】

秋の季語

稲が実ると、水田の水は必要なくなるので、畦の水口を切って水を落とし、田を乾かして刈り入れに備えます。

そのときの、水路や小川に流れていく水を、「落し水」といいます。棚田では小さな滝のように落ちるのが見られます。田の近くでは水音が夜まで続きます。しみじみとした、秋を感じさせる音です。

＊ 季のまめ

【落花生《らっかせい》】

食べだすと手が止まらない落花生。南米原産で、江戸時代に渡来し「南京豆」「地豆」「異人豆」ともいいます。ピーナッツも同じもの。名前の由来は、変わった実のつけ方から。花が咲いて落ちたあと、子房が伸びて地面にもぐり、土の中で実をつけます。九月下旬からが収穫期で、旬は十月です。

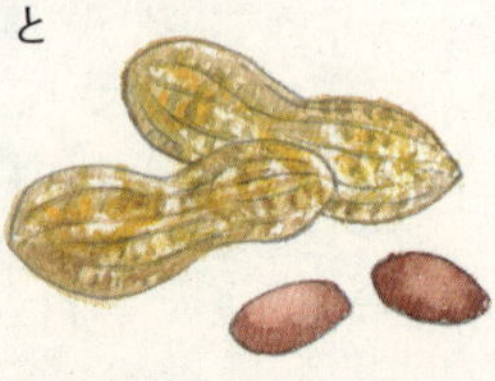

＊季のならわし

【神無月】かんなづき

旧暦十月は、全国の八百万《やおろず》の神々が、会議をするために出雲大社に集まるとされています。出雲には父神である大国主神がいて、各地に散らばっている子どもである神様たちが、年に一度出雲大社に戻るのです。

日本中の神様が留守になるので「神無月《かんなづき》」。出雲地方だけは「神在月《かみありづき》」といいます。

出雲へ向かう神様たちの旅は「神の旅」、出立は「神送り」、帰りを迎える行事のことは、「神迎え」といいます。

会議では人間の運命についての話し合いが行われ、誰と誰を結婚させるかなどもこの会議で話し合うのだとか。そのため、出雲大社は縁結びの神様としても信仰されています。来年の天候、農作物や酒の出来などについても議題にのぼるそうです。また、神々の留守を守ってくれるのが、七福神の中の一神「恵比寿神」です。出雲に行かない「留守神」を祀り、商売繁盛を祈願するのが「恵比寿講」。関西では「十日戎《えびす》」として開かれます。

候のメモ　富士山の初冠雪はこのころです。

＊季のきのみ

【柘榴】ざくろ

古くから栽培され、旧約聖書にも登場します。原産地はイラン。シルクロードを通って中国やヨーロッパに伝わり、日本へは平安時代に渡来したといわれています。

ザクロといえば鬼子母神が手にしていることでも知られています。子孫繁栄をもたらす縁起のよい果実とされ、仏教では「吉祥果」と呼びます。

ザクロシロップ

［材料］
ザクロ　2個
氷砂糖

①ザクロの粒を取りだし、重さを量る。
②瓶に、ザクロの粒と氷砂糖を入れ、冷蔵庫に入れる。この時入れる砂糖の量は、ザクロの重さの半分〜同量をお好みで。
③約2週間ほどでできあがり。

寒露《かんろ》

陰寒の気に合うて、
露むすび凝《こ》らんとすればなり

水底を水の流るる寒露かな

草間時彦

寒露・初候・鴻雁来

第四十九候

鴻雁来る《こうがんきたる》

晩秋。旧暦九月節。「寒露」最初の候。雁が渡ってくるころ。

第十四候の「鴻雁北」に対応。ツバメが帰った空を、雁は隊列を組んで群れでやってくる。その年はじめて訪れる雁を「初雁《はつかり》」という。

節気「寒露」は、秋も深まって日も短くなり、露が冷たく感じられる季節。「鴻雁来」からはじまり、菊の花が咲く「菊花開」、秋虫が鳴く「蟋蟀在戸」の三候。

旧暦九月・神無月

＊季のことば

【雁来る《かりきたる》】

秋の季語

和歌での雁の枕詞は「遠つ人」。青森の伝説によると、雁は海上で休むための木片をくわえて渡ってくるといわれます。海岸までくると木片を落とし、春になるとまたそれをくわえて帰ってゆくとか。だから、浜辺に残された木片は、日本で死んだ雁のもの。

土地の人はそれを拾い集めて風呂を焚き、供養のために旅人にふるまったといいます。このならわしを「雁風呂」と呼び、春の季語となっています。

＊季のくだもの

【葡萄《ぶどう》】

中近東地方原産。シルクロードを経て中国から奈良時代に渡来したとされます。甲州種は、鎌倉時代初期に栽培がはじめられました。ブドウ糖や果糖などを多く含んでいるため、疲労回復に効果があります。

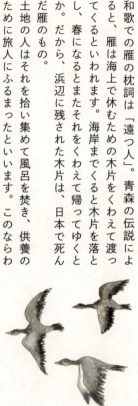

＊季のならわし

【十三夜《じゅうさんや》】

十三夜とは旧暦九月十三日のお月見のこと。旧暦八月の十五夜の約一カ月後に巡ってきますが、その年によって日付が変化します。

十三夜は十五夜と並ぶ美しい月だとされ、宮中では古くから月を鑑賞する宴が開かれていました。十五夜の月見は中国から伝来したものですが、十三夜は日本独自のならわしです。

十三夜には栗や枝豆を供えることから「栗名月」「豆名月」ともいいます。「後《のち》の月」とも。

十五夜または十三夜のどちらか一方しか観ないことを「片見月」「片月見」と呼び、縁起が悪いとされていました。

旧暦十月十日には「十日夜《とおかんや》」という収穫祭があります。十五夜、十三夜、十日夜の三夜とも晴れてお月見ができると、縁起がいいそうです。

＊季のきのみ

【銀杏《ぎんなん》】

秋になると燃えるよう黄金色となる銀杏《いちょう》。中国原産の裸子植物で、中生代より太古のままの姿でいる「生きた化石」です。そのイチョウの実を「銀《ぎん》杏《なん》」といい、殻を割って中の仁が食用にされます。秋に落ちた種子は悪臭を放ちます。また、皮膚炎を起こす物質も含まれているので、素手で触れるのは避けます。

ギンナンの下処理

①地面に落ちた実を拾い、
バケツなどの容器の中で果肉を腐らせる。

流水でよく洗いながら中の種を取りだす。
②取りだした種を何日も天日に干して、乾燥させる。
③ストーブのまわりにひろげてさらに乾燥させる。
殻の色が真っ白になったころが目安。
2、3個割ってみて中に水分がなければできあがり。

候のメモ　ヒヤシンス、チューリップ、水仙など春咲く花の球根を植えるころです。

寒露・次候・菊花開

第五十候

菊花開く

きくのはなひらく

旧暦九月・神無月

秋の花を代表する菊が咲きはじめるころ。

この時期に晴れあがる青空を菊晴れという。菊は、花の少なくなる寒い季節に、霜にも負けず香り高く咲く。そのため中国では秋の菊を、冬の梅、春の蘭、夏の竹と並べ、「四君子《よんくんし》」のひとつとして称えている。

＊ 季のことば

【色鳥】いろどり

秋の季語

秋になると、澄んだ大空を小鳥の群れが飛び、庭木にもやってきます。羽や身体の色の美しい、いろいろな小鳥のことを「色鳥」といいます。秋に渡ってくる冬鳥や、山地から人里に降りてくる小鳥たちの総称で、アトリやマヒワ、ジョウビタキ、ツグミなど。「小鳥来る」とも。

色鳥の残してゆきし羽根一つ　今井つる女

＊ 季のならわし

【神嘗祭】かんなめさい

十月十七日、秋に収穫した稲の初穂を、伊勢神宮に奉納して、五穀豊穣に感謝する宮中祭祀です。七二一年からはじまりました。「かんにえのまつり」とも。このときは神様だけが新米を食べ、人間は新米を食べることを慎むならわしでした。十一月二十三日に行われる新嘗祭《にいなめさい》が終わってはじめて、神とともに新米を食べました。

＊ 季の草花

【菊《きく》】

古来から日本人にとって、菊は邪気を祓う薬草でした。九月九日は「重陽の節句」ですが、現在は月遅れの十月中旬以降に、さまざまな催しものが行われます。

菊酒

本来は蒸した菊の花びらを使い、冷酒に一晩漬けて、香りをなじませたものを飲みました。今は菊の花びらを盃に散らし、冷酒を注いで飲む方法が主流です。

菊の被綿《きせわた》

節句前日の八日、菊に真綿を被せておき、露で湿ったその綿で体を清めます。長生きができ、若返るといわれます。

菊枕

重陽の日に摘んだ菊の花びらを乾かし、袋につめて菊枕をつくります。その菊枕で眠ると、恋人の夢を見ることができるといわれます。

＊ 季のいきもの

【鹿《しか》】

古来、秋に妻を求めてピーッと甲高く鳴くオスジカを「妻恋う鹿」と呼び、その声に「あはれ」を覚えてきました。オスのシカは美しい枝分かれした角を持ちます。

シカは奈良では神の使い。春日大社のシカの「角切」行事は有名です。十月、勢子たちがシカを追い込み押さえつけ、神官がノコギリで角を切り落とします。そして神前に供えます。

奥山に　紅葉踏み分け　鳴く鹿の
声きく時ぞ　秋は悲しき　猿丸太夫

候のメモ　田の神を山へお見送りするために、春と同じく十六個の団子をお供えします。

寒露・末候・蟋蟀在戸

第五十一候

蟋蟀戸に在り

きりぎりすとにあり

秋の虫が戸や軒下で鳴くころ。「蟋蟀」はコオロギという説も。

平安歌人が「きりぎりす」と詠んだ虫は綴刺蟋蟀《つづれさせこおろぎ》。リィリィと鳴く。キリギリスは、別名機織《はたおり》虫。ギーッと鳴いて、一息ついてチョンと鳴く。夜を通して鳴く虫は、命の美しさとはかなさを感じさせる。雁が飛来し、菊の花が咲き、秋の虫が戸で鳴く。そして次の節気に移る。

旧暦九月・神無月

＊季のことば

【虫の秋】

むしのあき

秋の季語

「花」といえば桜、「月」といえば秋の月というように、歳時記において「虫」といえば、秋に鳴く虫をさします。鳴くのはオスだけで、二枚の前翅をこすり合わせて音を出します。虫の声が重なって競い合う様子を表す「虫時雨《しぐれ》」、暗闇に虫の声だけが聞こえる「虫の闇」、昼間でも鳴いている「昼の虫」など、「秋」の風情を表す言葉はたくさんあります。

秋の虫のこえいろいろ

- 馬追《うまおい》…キリギリス科・スイッチョ
- 閻魔《えんま》蟋蟀《こうろぎ》…コロコロコロリーリー
- 鉦叩《かねたたき》…コオロギ科・チンチンチン
- 邯鄲《かんたん》…コオロギ科・ルルルルルー
- キリギリス…チョン　ギース
- 草雲雀《くさひばり》…コオロギ科・フィリリリ、キリリリリ
- 轡虫《くつわむし》…キリギリス科・ガチャガチャ
- 鈴虫《すずむし》…コオロギ科・リーンリーン
- 露虫《つゆむし》…キリギリス科・ピチチピチチ
- 松虫《まつむし》…コオロギ科・チンチロリン

＊季のとり

鶫《つぐみ》

シベリアより、大群をつくって渡ってくる冬鳥。姿勢よく木の枝にとまり、地面に降りては枯れ葉の下の虫を探します。チョンチョンと弾むようにして歩くので「跳馬《ちょうま》」とも。昔はカスミ網で捕獲して食用にしていましたが、現在は禁止されています。

＊季の草花

竜胆《りんどう》

秋を代表する、青く美しい花を咲かせる山野草。花は日中、晴天のときだけ開きます。根は苦く薬用になります。

りんだうは秋七草の他のもの　高浜年尾

候のメモ　秋土用は「辰」の日に「た」のつく青（緑）の食べ物を。

＊季のさかな

柳葉魚《ししゃも》

シシャモは、北海道沿岸の一部でしか獲れない魚です。十月半ば過ぎ、土地の人が「シシャモ荒れ」と呼ぶ季節風が吹くころに、シシャモは川を遡上しはじめます。名前の由来はアイヌ語の「シシュ＝柳」「ハモ＝魚」から。現在、漁獲高の減少がすすみ、同じ仲間のキュウリウオやカラフトシシャモが「シシャモ」として代用されることが多いです。

アイヌの伝説でこのような話があります。その昔、北海道がまだ蝦夷《えぞ》と呼ばれていたころ。大飢餓となり困った人々が神様に大漁祈願をしたところ、神様は川辺の柳の葉をつまんで川の中へ投げ入れました。すると突然、柳の葉に似た小魚が川一面にわきあがり、人々を飢餓から救ったといいます。以後、アイヌの人々はこの魚を「シシュハモ」と名づけ、神様から賜った魚として大切にしてきたそうです。

霜降《そうこう》

露が陰気に結ばれて、
霜となりて降るゆえなり

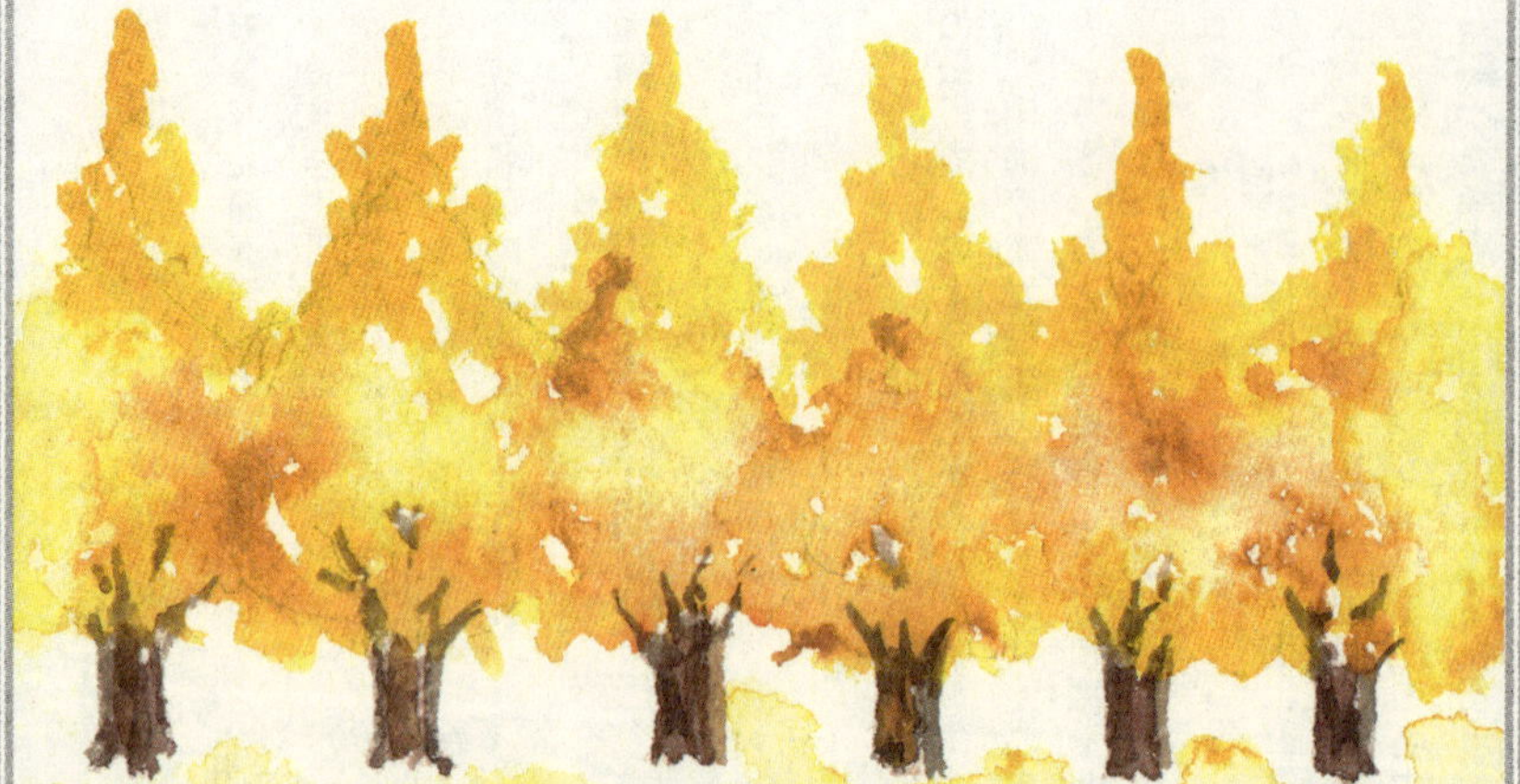

霜降や鳥のねぐらを身に近く

手塚美佐

霜降・初候・霜始降

第五十二候

霜始めて降る

しもはじめてふる

旧暦九月中。「霜降」最初の候。朝夕が冷え込み、霜が降りはじめるころ。

霜のはじめは山に降り、やがて平地に降りだしてくる。

節気「霜降」は、実りの秋を喜ぶとともに、冬の訪れを感じる季節。

「霜始降」からはじまり、時雨が降る「霎時施」、紅葉の美しい「楓蔦黄」の三候。

＊ 季のことば

【露寒】

つゆさむ

秋の季語

晩秋になるにつれ、露が霜になるかと思われるほどに寒さを覚えます。冬の寒さとはまた違う、どこか心細くさみしい肌寒さです。

この季節の寒さの表現には、「そぞろ寒《さむ》」「うそ寒《さむ》」「冷《すさ》まじ」「身に入《し》む」などがあります。

露寒のこの淋しさのゆゑ知らず　富安風生

＊ 季の草花

【紫式部の実】

むらさきしきぶのみ

シソ科の落葉低木「紫式部」。初夏に咲いた花が晩秋、つやつやとした紫色の小さく丸く、美しい実を結びます。「紫式部」は、平安の昔、『源氏物語』を執筆した女人の名。その清楚で凜とした面影を、連想させてくれます。京都・嵯峨野の正覚寺が名所です。

旧暦九月・神無月

季のきのみ

【柿《かき》】

日本の秋といえば、鈴なりに実り、夕日を浴びて輝く柿。

東アジア原産で、日本から十八～九世紀に欧米に渡り、学名は「Diospyros kaki（ディオスピロス・カキ）」。意味は「神様の食べ物」です。渋柿と甘柿があり、「干し柿」は渋柿を乾燥させたもの。近頃では収穫されずに放置されていることも多く、農村では野生の猿や鹿、熊などが食べ、街でも鳥たちがついばんでいます。

干し柿

［材料］
渋柿　紐

①柿は軸を残し、皮を残さずむく。
　紐の間に軸をひっかける。
②カビ防止に沸騰した湯に5秒ほど入れる。
③風通しと日当たりのよいところに吊るす。
④1週間くらいいして、やさしくもみこむ。
⑤形を整えながら数回もみ、
　さらに10日ほど干して、できあがり。

候のメモ　固くなった干し柿は、熱湯に砂糖を入れて数時間漬けておくと戻ります。

季のさかな

【鮭《さけ》】

秋。産卵期になると、大群になって川を遡ってくるサケ。「秋鮭《あきざけ》」「秋味《あきあじ》」とも。

サケは、北海道のアイヌの人々にとって、特別な魚です。「神の魚（カムイチェプ）」であり、「本当の食べ物（シペ）」。寒い冬に備えて神の国から送られてくる「秋の魚（チュクチェプ）」です。

サケの一生

①孵化した稚魚は
　二カ月ほどで川を下る。
②数日から数週間かけて川を下り、
　しばらく河口近くにいる。
③六、七月になると沖合に出て、
　さらに北上する。
④北の海で三～五年過ごす。
⑤九～十二月にそれぞれの母川へ戻り、
　産卵する。
⑥産卵を終えるとそこで命果てる。

霜降・次候・霎時施

第五十三候

霎時施る

こさめときどきふる

パラパラと雨が降ってはやみ、一雨ごとに気温が下がってゆくころ。

「霎時施」の「霎」は、「こさめ」とも「しぐれ」とも読む。
いずれにせよサッと降り、すぐに晴れてしまうような通り雨のこと。
雨は、秋の終わりと冬の到来を告げる。

旧暦九月・神無月／霜月

＊ 季のことば

【初時雨】 はつしぐれ

冬の季語

時雨《しぐれ》とは、晩秋から初冬にかけて、一時的に降ったりやんだりする雨のこと。その年の、最初に降る時雨を「初時雨」といいます。いよいよ冬が来るという感慨がこの季語には込められています。「時雨《しぐれ》る」と動詞形で使われることもあります。涙を落とす、催すの意味も。

うしろすがたのしぐれてゆくか　種田山頭火

秋の雨のなまえいろいろ

・秋微雨《あきこさめ》…霧のように細かい秋の雨
・秋雨《あきさめ》…秋に降る雨
・秋時雨《あきしぐれ》…秋の末、降ってはすぐにやむ雨
・秋湿《あきじめり》…秋の長雨で辺りが冷え冷えとして湿った感じになること
・秋出水《あきでみず》…台風による洪水
・雨月《うげつ》…名月が雨で見られないこと
・秋霖《しゅうりん》…秋のはじめに降りつづく雨。秋の長雨
・すすき梅雨…秋の長雨のこと
・露時雨《つゆしぐれ》…露が一面に降りて時雨に濡れたようになること

季のとり

鵯《ひよどり》

秋になると人里に現れて、「ヒーヨヒーヨ」と甲高く鳴く身近な野鳥。花の蜜や果実が大好物で、庭にきてミカンやリンゴ、南天の実などをついばむ様子がよく見られます。地味ながら、頭部の逆立った羽毛と、茶色い頬が可愛いです。人に馴れ、平安貴族たちによく飼われたといいます。分布がほぼ日本国内に限られていて、外国では珍しい鳥です。

季の草花

七竈の実《ななかまどのみ》

バラ科の樹木で、真っ赤な紅葉や小粒の果実が美しく、北国では街路樹として多く植えられています。とても硬く丈夫な木で、「七度かまどに入れても燃え尽きない」といわれます。ナナカマドは、冬になり落葉して雪を被っても、赤い実をつけています。

季のきのみ

林檎《りんご》

知恵や豊穣、愛と美のシンボルであるリンゴ。「一日一個のリンゴは医者知らず」といわれるほど、カリウム、ペクチン、ビタミンCが豊富です。焼きリンゴやジャムにしてもおいしい。

リンゴのコンポート

［材料］

リンゴ　3個

白ワイン（甘口）　400cc
グラニュー糖　大さじ4～5
ハチミツ　大さじ2
シナモンスティック　2本
（以上 A）

☆下準備として、リンゴは縦半分に切り、皮をむいてスプーンで芯を取る。

①鍋に、Aを入れて強火にかける。
②煮立ったらリンゴを入れ、落とし蓋をして、煮汁が蓋に当たり全体に広がる火加減で、15～20分煮る。
③火を止め、そのまま粗熱がとれるまで冷まし、冷蔵庫に入れて冷やす。できあがり。

候のメモ　十月三十一日は万聖節前夜祭のハロウィン。カボチャ料理を楽しみましょう。

霜降・末候・楓蔦黄

第五十四候

楓蔦黄ばむ

もみじつたきばむ

モミジや蔦が色づくころ。晩秋、「霜降」の最後の候。秋の終わり。
北海道からはじまり北から南へ、山から里へ、紅葉前線が日本列島を染めていく。この季節を、紅や茜、橙に黄色、さまざまな色の糸で織りあげられた錦に例え、「錦秋《きんしゅう》」という。霜が降り、時雨が降り、楓や蔦が紅葉した。秋は去り、次の季節が来ようとしている。

旧暦九月・霜月

＊ 季のことば

【木の実落つ】

このみおつ

秋の季語

シイの実や、コナラ、クヌギ、カシなどの団栗《どんぐり》が、パラパラと降るようにこぼれる季節。シイの実や団栗《どんぐり》は、稲作がはじまる前から、日本人の食材として、長く親しまれてきました。独楽《こま》にしたり、小さな人形をつくったりして、子どもの遊びにも使われます。

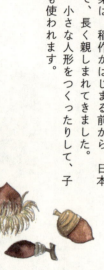

＊季のならわし

【紅葉狩】もみじがり

春には花見、秋には紅葉狩。「紅葉狩」とは紅葉を鑑賞すること。平安時代には、紅葉した木の枝を手折り、色づいた葉を手のひらにのせて鑑賞したそうです。

「紅葉＝もみじ」は、秋に紅葉・黄葉するすべての植物をさします。その代表的なものが楓《かえで》。「もみじ」という名の植物はなく、普段「もみじ」というと連想される植物は、実はカエデのことが多いです。

「もみじ」の語源はベニバナの花びらを使う染物の「揉《も》み出《ず》」。紅花染めは、はじめは黄色に、次は真紅になるのだそうです。

紅葉・黄葉するのは落葉樹ですが、草の中でも色づくものがあり、「草紅葉《くさもみじ》」といいます。また、黄色く色づいた葉が落ちることを「黄落《こうらく》」。イチョウの大樹から黄金色の葉が舞い落ちる情景が浮かんできます。

【茸狩】たけがり

秋、雨の多い時期になると、湿った土や朽ちた木などにキノコがたくさん生えてきます。山国では、土地の多くの人々がキノコを採りに出かけます。中にはキノコ名人と呼ばれる人もいます。

マツタケ、マイタケ、ナメコ、シメジ……。森の恵みをいただくとても楽しい行楽ですが、素人だけでキノコ狩りに出かけるのは危険です。慣れるまでは、ベテランに同伴してもらいましょう。

食べられるキノコに混じり、命に関わる怖い毒キノコも生えています。ドクツルタケ、クサウラベニタケ、ツキヨタケなど。

判断に迷うキノコは、「採らない、食べない、人にあげない」が大切です。

茸狩や心細くも山のおく
正岡子規

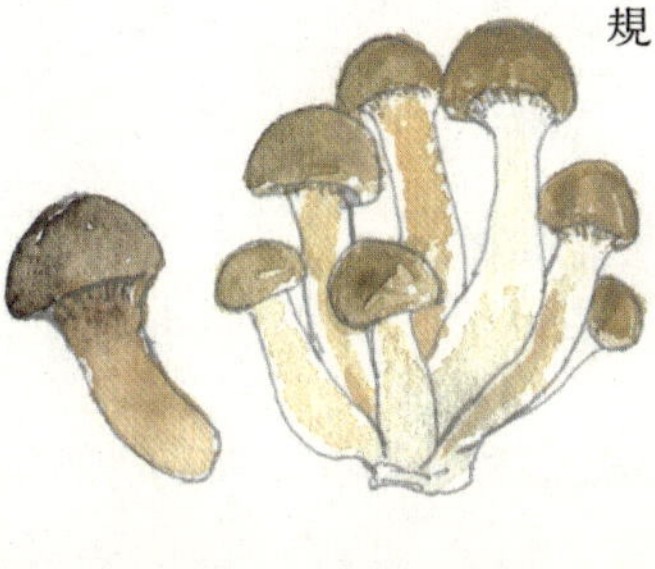

候のメモ　日が早く暮れる「つるべ落とし」の秋。夜長をお風呂で楽しむ季節の到来です。

立冬《りっとう》

冬の気、立ち初《そ》めて
いよいよ冷ゆればなり

コーヒーのミルクの渦や今朝の冬

山田節子

立冬・初候・山茶始開

旧暦十月・霜月

第五十五候

山茶始めて開く

つばきはじめてひらく

初冬。旧暦十月節。「立冬」最初の候。サザンカの花が咲きはじめるころ。

「三茶」は「つばき」と読むが、サザンカの花のこと。サザンカは冬のはじまりを告げる。

節気「立冬」は、暦の上で冬に入る季節。この日から翌年の新暦二月三日頃までが冬。

北国の山には初雪が降り、木枯らし一号も吹き、冬の気配が立ち込めはじめる。

「山茶始開」からはじまり、霜柱が立つ「地始凍」、水仙が咲く「金盞香」の三候。

＊季のことば

【おでん】

冬の季語

立冬は鍋の日。おでんがおいしい季節です。おでんとは、「煮込み田楽《でんらく》」の略で、豆腐に味噌を塗って焼く「豆腐田楽」がルーツ。「田楽」は、田植え祭りの豊穣祈願、「田楽踊り」のことです。関西風と関東風があり、だしとおでん種に違いがあります。

おでん煮えさまざまの顔通りけり　波多野爽波

＊季の草花

【山茶花《さざんか》】

日本原産で「茶花」ともいいます。晩秋から冬にかけて咲き、枯れた季節に華を添えます。よく似ていますが、ツバキは同属同科の春の花。見分け方は散り方。ツバキは花が丸ごとポトリと落ち、サザンカは花びらが一枚一枚ひらひらと散ります。

＊季のならわし

酉の市（とりのいち）

江戸時代から続く年末の風物詩のひとつ。十一月の酉の日に全国の神社で行われる祭礼のこと。「縁起熊手」で商売繁盛、開運を祈ります。最初の酉の日から順に一の酉、二の酉、三の酉と呼びます。

関東地方の鷲《おおとり》神社が中心ですが、本社である大阪府の大鳥大社でも行われます。

多くの露店が立ち並び、「買った（勝った！）」「まけた（負けた！）」の声が飛び交います。商談が成立すると、威勢のよい手締めが打たれます。縁起熊手には大判小判やおかめや七福神が飾られ、福をワシのように「わしづかみ」み、「かきこむ」ことから「かっこめ」と呼ばれます。

東京の台東区・浅草の鷲神社、新宿区の花園神社の酉の市が有名。

十日夜（とおかんや）

東日本を中心に、旧暦十月十日の夕べには「十日夜」といって月見をする風習があります。旧暦九月の十五夜、その後の十三夜、十月の十日夜を合わせ、「三月見」といいます。

収穫を見届けた田の神様が山へ帰る日ともいわれ、行事は地域によってさまざま。

藁《わら》でつくった鉄砲で地面を叩き、餅つきをしたり、「案山子《かかし》あげ」といって、案山子に収穫の感謝を込めてお供えものをし、お月見をさせてあげたりします。

亥の子の祝い（いのこのいわい）

西日本では、旧暦十月亥の日亥の刻（午後九〜十一時）に、新米でつくった「亥の子餅」を食べ、無病息災や子孫繁栄を祝います。子どもたちは「亥の子石」に綱をつけて地面を叩き、歌いながら近所の家を訪れ、お餅やお菓子をもらいます。西洋のハロウィンに似ていますね。

亥の子餅はイノシシの子どもに似せてつくります。昔は「大豆、小豆、ささげ、ごま、栗、柿、水あめ」の七種の粉を混ぜたそうです。今はすべては入れず、種類もこだわりません。

候のメモ　旧暦十月の亥の日はこたつ開きの日。茶道では炉開きの茶事があります。

立冬・次候・地始凍

第五十六候

地始めて凍る《ちはじめてこおる》

夜の冷え込みが厳しくなり、大地も固く凍りはじめるころ。

寒くて晴れた日の朝、窓や木の葉、地面などに霜が降りることもある。

「七五三」は十一月十五日。もともとは関東を中心にした行事だった。

一説には五代将軍の徳川綱吉の子、徳松の祝いをしたことからはじまるという。

旧暦十月・霜月

＊季のことば

【霜柱】 しもばしら

冬の季語

よく冷えた朝。庭先などで、地面から生えたような細い氷の柱が、土を持ちあげてキラキラと立っているのを見つけます。氷の柱の名は霜柱。簡単に壊れてしまうはかなさですが、踏まずにはいられません。冬の小さな楽しみのひとつです。

霜柱は地中の水分が地面にしみだして凍ったもの。大気中の水が凍ってできる霜とは成り立ちが異なります。

季のならわし

七五三《しちごさん》

十一月十五日、子どもの成長を祝うため、晴れ着姿で神社などに参拝します。男の子は三歳と五歳に、女の子は三歳と七歳に行います。もともとは「髪置《かみおき》」「袴着《はかまぎ》」「帯解《おびとき》」の儀式に由来。昔は「七歳までは神の子」といわれ、七歳になってはじめて人間の世界に参加すると考えられていました。

髪置　かみおき
三歳になった男女の両方が行ったしきたり。三歳未満の乳幼児は髪をそり落としていたが、伸ばすことを許される祝いの儀式。

袴着　はかまぎ
五歳になった男児のみが行うしきたり。人生ではじめて袴《はかま》を身に着ける儀式。

帯解　おびとき
七歳になった女児のみが行うしきたり。七歳未満の女の子は付《つ》け紐《ひも》を縫いつけた着物を着ていたが、はじめて丸《まる》帯《おび》を締めることを許される祝いの儀式。

季の行事食

千歳飴《ちとせあめ》

七五三では「千歳飴」を食べて祝います。長寿の願いを込めて細く長く、紅白に着色され、直径約十五ミリ以内、長さ一メートル以内。鶴亀や松竹梅のおめでたい絵柄の袋に入れられています。

お赤飯《おせきはん》

[材料]
小豆　35g
もち米　2合
白米　1合
塩小さじ½
黒ごま　適量

①もち米と白米を合わせてとぎ、ザルにあげて水気を切る。
②小豆を洗い水カップ3に30分つける。鍋に入れ火にかけ、沸騰したら弱火にして20分。
③②をゆで汁と小豆に分ける。
④③のゆで汁が冷めたら、炊飯器に米を入れ、2合の目盛りまで入れる。30分おく。その後塩、小豆を入れて炊く。

候のメモ　寒い冬に備えて身体をあたためる根菜＝大根や人参・牛蒡などをいただきます。

立冬・末候・金盞香

第五十七候

金盞香

きんせんかさく

水仙の花が咲き、香りを放つころ。宝暦暦・寛政暦では「きんせんかんばし」。

「金盞」とは黄金の盃《さかずき》。冬枯れの季節に咲く水仙のこと。六枚の花びらの中に、金色の「副花冠」と呼ばれる花びらがある。花を金の盃と銀の台に見立て〝金盞銀台《きんせんぎんだい》〟という別名も。サザンカが咲き、霜柱が立ち、水仙が咲いた。そして次の節気に移る。

＊季のことば

【木枯らし】

こがらし　冬の季語

樹木の葉を落とし、枯れ木のようにしてしまうから「木枯らし」。気圧配置が西高東低の冬型になると吹きはじめます。「凩」とも書き、この字は日本でつくられた国字です。気象庁による木枯らしの定義は、「十月後半から十一月末までの期間、最大風速が秒速八メートル以上の北の風」。そしてその年最初に吹く木枯らしが「木枯らし一号」。東京と大阪の二カ所で発表します。

旧暦十月・霜月

季の草花

【水仙】すいせん

日本でよく見られるニホンズイセンは、小さな盃状の花を、冬に咲かせます。雪の中でも香り高く咲くので、別名は「雪中花《せっちゅうか》」。古くに中国から渡来したそうで、温暖な海岸近くで野生化して群れ咲いています。福井の越前海岸が有名。名前は、中国語の「水仙」を音読みしたもの。水辺に咲く仙人という意味です。ヒガンバナ科で、葉や球根に毒があります。

身体をいたわる民間療養

ネギ湯…不眠に
ぶつ切りにしたネギを、煮立っただし汁に入れて半生でいただく。

レンコン汁…咳・風邪に
レンコンをすりおろし、しぼった汁を半カップ飲む。

たまご酒…栄養補給に
ボウルに卵一個を解きほぐし、砂糖大さじ二を加えて混ぜる。人肌に温めた日本酒一合を少しずつ加えてよく混ぜる。

梅干し茶…疲労回復に
梅干しを弱火でじっくりと焼いたら湯呑みに入れ、熱い緑茶を注ぐ。

ショウガ湯…喉の痛み・風邪に
すりおろしたショウガ小さじ一とハチミツ大さじ一をカップに入れ、熱湯を注いで混ぜる。

季のやさい

【葱】ねぎ

庶民的な冬野菜のひとつ。旬は十一～二月。関東では白ネギ、関西では青ネギが好まれます。民間療法が有名ですが、実際にネギの辛味成分には殺菌効果があり、血行をよくし体を温めてくれます。

候のメモ　赤ワイン「ボジョレー・ヌーボー」の解禁は、十一月の第三木曜日午前零時です。

小雪《しょうせつ》

冷ゆるがゆえに
雨も雪となりてくだるがゆえなり

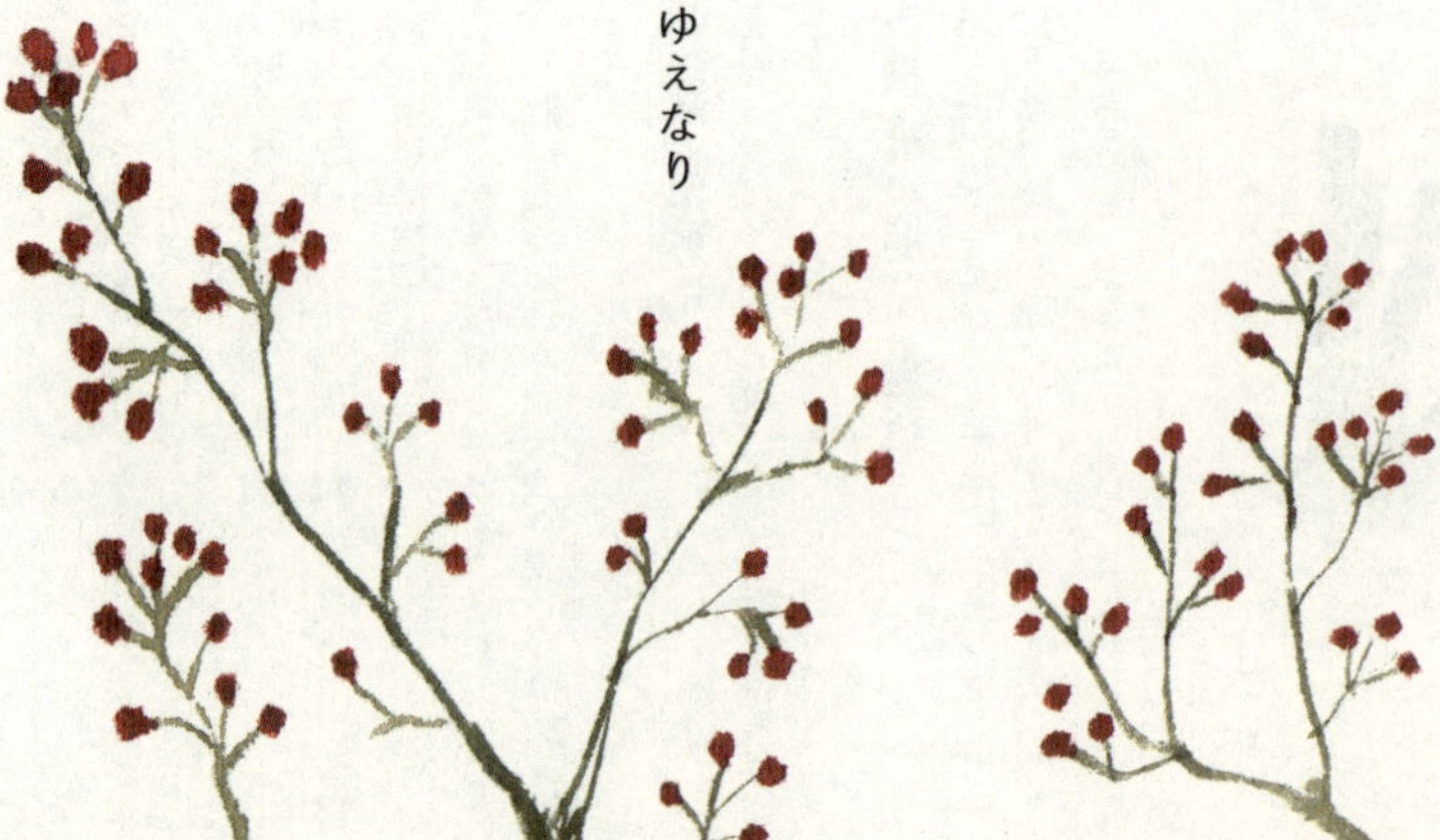

玉の如き小春日和を授かりし

松本たかし

第五十八候

虹蔵れて見えず

にじかくれてみえず

旧暦十月中。「小雪」最初の候。虹が見えなくなるころ。

第十五候「虹始見」と対応。春に現れた虹は、冬になると姿を隠す。

節気「小雪」は、冷え込みが厳しく小雪がちらつきはじめる季節。

北海道では根雪になり、関東でも初氷がみられる。

「虹蔵不見」からはじまり、北風が木の葉を散らす「朔風払葉」、橘《たちばな》の実が色づく「橘始黄」の三候。

＊ **季のことば**

【冬の虹】

ふゆのにじ

冬の季語

虹ができるには、太陽光線と空気中の水滴が必要です。冬は太陽の力が弱く、乾燥しているため、虹はなかなかできません。それでも初冬のころ、時雨《しぐれ》が通り過ぎた青空に、大きく弧を描いた見事な虹が出ることがあります。それを「時雨虹《しぐれにじ》」といいます。

冬の虹よりも珍しい虹といえば。霧に反射してできる真っ白な「白虹《はっこう》」、月光による「月虹《げっこう》」です。

＊ **季の草花**

【石蕗】

つわぶき

晩秋から冬に咲くキク科の常緑多年草。葉がフキによく似ています。花の少ない季節、太陽の色の花と出会うと、心が明るくなります。鹿児島や沖縄を中心に、葉を食用にする地域も。沖縄では、小さな黄色い花がパッと咲くから「ちいぱっぱ」と呼ばれています。

* 季のならわし

新嘗祭《にいなめさい》

十一月二十三日、その年に収穫された新しい五穀を天神地《てんしんち》祇《ぎ》（天地の神々）に供え、自らも食する祭祀です。宮中祭祀のひとつですが、各地の神社でも行われます。

五穀とは、米・麦・粟・豆・黍《きび》もしくは稗《ひえ》。神膳には、米、粟のご飯とおかゆ、白酒《しろき》と黒酒《くろき》を供えます。「嘗」とは「饗《あえ》」のことで、神に食物を供え、もてなすこと、または神と一緒に食べる「神人共食」を意味します。

起源は古く、『古事記』には天照大神《あまてらすおおみかみ》が新嘗祭を行ったと書かれています。明治のはじめまでは、冬至のころ下弦の月がのぼる日、つまり旧暦十一月の二番目の卯の日に行っていました。現代ではまれですが、神嘗祭から新嘗祭まで新米を口にしない風習も一部で残っています。

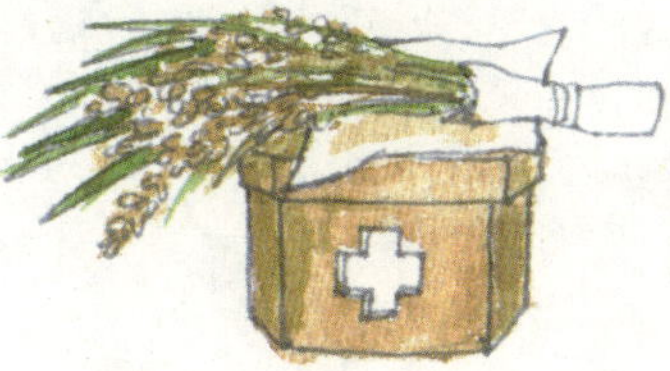

* 季のよもやま

新米《しんまい》

その年に収穫された米を「新米」、前年に収穫されたものを「古米」といいます。

新米は割れやすいので、やさしくとぐことがポイント。また、新米は水分を多く含んでいるので、水は通常より少なめにします。

土鍋で炊き、ヒノキのおひつに移して食べるなどすると、さらにおいしくなります。

土鍋で炊く

①新米をとぎ、
土鍋に米と同量か、やや多めの水を入れる。
②新米を30分以上吸水させる。
③蓋をした土鍋を強火にかける。
④沸騰したら火をとろ火に替えて、さらに5分炊く。
⑤火を止めて蓋をしたまま
20分程度蒸らしてできあがり。

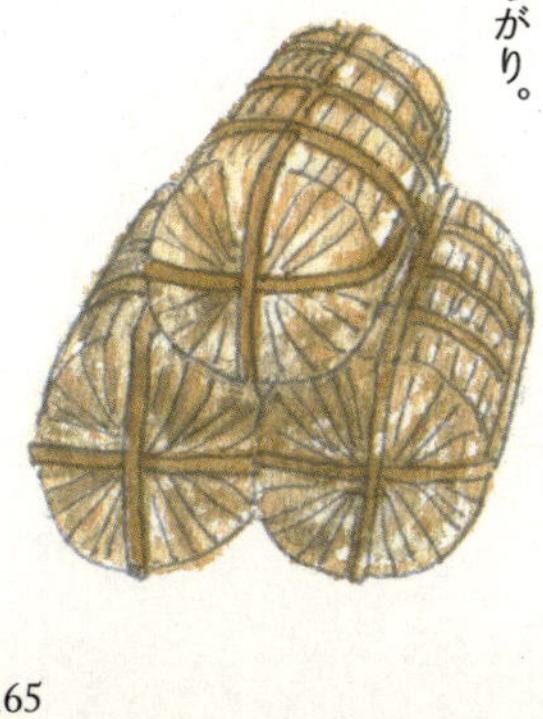

候のメモ　十一月、京都・伏見稲荷大社をはじめ、多くの神社で「火焚き神事」を行います。

第五十九候

朔風葉を払う《きたかぜこのはをはらう》

北風が、木々の枝から枯れ葉を吹き飛ばすころ。「朔風」とは北風のこと。

寒々とした枯れ果てた「冬ざれ」の景色がひろがる季節。
北風は、冬に吹く北西方向からの季節風のこと。
風は、日本海の湿った空気を巻きあげ、列島の脊梁山脈にぶつかる。
日本海側で多くの雪を降らせ、山を越えた太平洋側では、乾燥した「空《から》っ風《かぜ》」になる。

＊ 季のことば

落葉焚《おちばたき》

冬の季語

北風に吹かれ、美しく紅葉していた木々も、はらはらと落葉していきます。色とりどりの落葉を掃き寄せて燃やし、サツマイモや餅、ミカン、栗の実などを、焼いて食べたりもします。火の匂いやあたたかさなど、冬の楽しい風物詩です。

星の入東風《ほしのいりごち》

冬の季語

畿内・中国地方の船乗りの言葉。旧暦十月中旬の明け方、星の昴《すばる》が西の海に沈むころに吹く、強い北東の風です。
昴《すばる》は、牡牛座のプレアデス星団のこと。『枕草子』でも一番美しいとして名前をあげられました。いくつもの星の群れが瞬き、「六連星《むつらぼし》」の別名も。

【鰤《ぶり》】

アジ科の海水魚で、一メートルほどにもなる大魚です。名前の由来でもあるように、脂が多く身が赤く、ブリブリとしています。

西日本の正月では、めでたい「正月魚」として欠かせず、東日本のサケと好一対をなします。

冬、産卵期前にさらに脂がのってうまくなり、「寒ブリ」と呼びます。富山県氷見の寒ブリは有名。

北陸では、十一月の終わりころ、猛烈な風が吹き荒れ、雷が激しく鳴ります。これが「ブリ起こし」。ブリ漁がはじまる合図です。海岸では、岩で砕けた波の白い泡が花のように舞う〝波の花〟が発生します。

成長によって名前が変わる出世魚で、稚魚をモジャコ、四十～六十センチ未満をハマチ、イナダなど。

富山県や九州では、お嫁さんの実家から婚家へ（あるいはその逆）、寒ブリ一本を歳暮として贈るならわしがあります。

冬の風の名前いろいろ

・乾風《あなじ》…北西から吹く乾いた風。西日本で使われる。「あなぜ」とも
・神渡《かみわた》し…陰暦十月に吹く西風。出雲大社へ旅立つ神々を送る風
・北風…冬の季節風。朔風《さくふう》、寒風《かんぷう》。単に「きた」とも
・空風《からっかぜ》…晴天続きに吹く、乾燥しきった寒風。昔から江戸や上州の名物とされた
・北颪《きたおろし》…山から吹きおろす北風。山の名をつけて赤城《あかぎ》颪、六甲《ろっこう》颪、富士颪などと呼ぶ
・隙風《すきかぜ》…戸や障子などの間から吹き込む寒い風
・節東風《せちごち》…旧暦正月に何日も吹き続ける東風。初東風とも。春の訪れを知らせる
・玉風《たまかぜ》…東北・北陸地方の日本海沿岸でいわれる。冬の季節風
・ならい…三陸から伊勢湾にかけて、海岸地方に吹く北よりの季節風。地方によって風向きが違う
・虎落笛《もがりぶえ》…冬の烈風が垣根や電線などに吹きつけて鳴らす、笛のような鋭い音

候のメモ お歳暮の手配や、クリスマスの準備、飾りつけをはじめるころです。

第六十候

橘始めて黄ばむ

たちばなはじめてきばむ

葉は青々と茂り、橘《たちばな》の実が黄色く色づくころ。

橘《たちばな》は、古くから日本に自生し、「永遠の命」を象徴する常緑樹。日も弱く短くなっていく季節に、ひときわまばゆく輝く、太陽の色の果実だ。虹は隠れ、北風が吹き、橘の実が色づいた。そして次の節気に移る。

＊ **季のことば**

【小春日和】

こはるびより

冬の季語

旧暦十月を「小春」といいます。そして初冬にふと訪れる、ぽかぽかと温かい日が「小春日和」。沖縄では夏日になるため「小夏日和」というそうです。外国にも似た気候があり、英語では〝インディアン・サマー〟、ロシア語では〝バービエ・レータ〟、「婦人の夏」と呼びます。旧暦十月は、一方では雨も多く「時雨月《しぐれづき》」ともいいます。立冬を過ぎても降る長雨は、山茶花《さざんか》梅雨です。

＊ **季の草花**

【藪柑子】

やぶこうじ

赤く熟した実が美しい、サクラソウ科の常緑樹。古名は「山橘《やまたちばな》」。正月の縁起物にされ、千両《せんりょう》、万《まん》両《りょう》と並んで十両《じゅうりょう》とも呼ばれます。

＊季のきのみ

【橘】たちばな

古くから日本に自生する柑橘類の一種で、「永遠の命」を象徴する常緑樹です。冬でも青々と葉を茂らせ、夏にかぐわしい香りの花を咲かせ、晩秋には、トゲのある枝に黄色の三センチほどの実を結びます。酸味が強く、生食にはむきません。

橘と言えば、「右近の橘、左近の桜」。平安京の紫宸殿には、左右それぞれに、桜と橘が植えられています。

また「橘」氏は、源氏、平氏、藤原氏と並び、「源平藤橘《げんぺいとうきつ》」と呼ばれる古代貴族の名門のひとつです。

橘は　実さへ花さへその葉さへ
枝《え》に霜降れど　いや常葉《とこは》の木
聖武天皇

候のメモ　ガラス器の曇りは、レモンの皮に塩をつけてこすると、きれいに落ちて輝きます。

＊季のよもやま

【非時香菓】ときじくのかくのこのみ

古事記と日本書記には、垂仁天皇から命じられ、田道間守《たぢまもり》が常世《とこよ》の国から、不老不死の霊薬である「非時香菓《ときじくのかくのこのみ》」を持ち帰る話があります。その「非時香果」が、「今の橘《たちばな》なり」と記します。

田道間守が命がけで持ち帰った「非時香菓」。今や温暖地を中心にして、さまざま多くの品種が栽培されています。特に冬は、柑橘類の天国。温州蜜柑《うんしゅうみかん》、金柑《きんかん》、柚子《ゆず》、橙《だいだい》、酢橘《すだち》に朱欒《ざぼん》、文旦《ぶんたん》、ポンカン……。

ビタミンCが豊富で「風邪知らず」といわれる柑橘類。そのまま食べるのはもちろん、皮は砂糖漬けやマーマレードにしたり、干して乾かし、生薬にしても。

菓子の神様　かしのかみさま

田道間守の持ち帰った橘は、最上級のお菓子として珍重されました。その昔、果物《くだもの》は菓子でもあったのです。田道間守の故郷である但馬《たぢま》、現・兵庫県豊岡市の中嶋神社では、田道間守を菓子神として祀っています。お菓子業界の信仰を集め、多くの人が参拝に訪れます。

大雪《たいせつ》

雪いよいよ降り重ねる
折《おり》からなればなり

まだもののかたちに雪の積もりをり

片山由美子

大雪・初候・閉塞成冬

第六十一候

閉塞く冬と成る《そらさむくふゆとなる》

仲冬。旧暦十一月節。「大雪」最初の候。天地の気がふさがり、冬となるころ。

雲が空を覆うように重く垂れ込め、すべての生き物が息をひそめる。

節気「大雪」は、冬将軍到来の季節。山には雪が降り、平地でも寒風が吹き荒れる。

忘年会やクリスマス、年越しの準備がはじまり、誰しもが忙しくなっていく。

「閉塞成冬」からはじまり、熊が冬ごもりをする「熊蟄穴」、鮭が川をのぼる「鱖魚群」の三候。

旧暦十一月・師走

＊ **季のことば**

【冬帝】とうてい

冬の季語

冬をつかさどる神のこと。身が引き締まるような厳かな寒気を感じます。夏の神は「炎帝」。冬将軍という言葉も、この時期はよく聞かれます。冬将軍とは、寒さと雪をもたらす上空の寒気の集団のこと。日本では特に、周期的に南下するシベリア寒気団を指します。一八一二年、ロシアに攻め込んだフランス軍の皇帝ナポレオンが、厳しい寒さに阻まれて敗退したことから、この名前がつきました。

＊ **季のくだもの**

【西洋梨】せいようなし

十二月は、西洋梨《なし》の旬。洋ナシとも。香り高く、デコボコとした形をしています。まず串切りにしてから芯を取りのぞき、面取りするように、皮をむきます。キャラメルとの相性がよく、組み合わせたムースは絶品です。

＊ 季のならわし

事八日（ことようか）

二月八日と十二月八日、年二回行われる年中行事です。「事」とは祭事のこと。十二月の事八日は「事納め」の日。かつては厳重な物忌みの日で、農作業や針仕事などを慎みました。この日、魔除けの目籠やニンニクを庭先に掲げ、一つ目小僧や厄神を防ぐならわしもありました。雪や雨が降って荒れる「八日吹《ようかふき》」の日ともいわれます。小豆・サトイモ・ニンジン・コンニャク・ゴボウ・ダイコンの六種の具を入れた「御事汁《おことじる》」を食べる風習も。

あえのこと

旧暦十一月五日（新暦十二月五日）、石川県奥能登の農家で行われる、古い新嘗《にいなめ》の祭り。家の主人が正装して田んぼへ神様を迎えにいき、家に招き入れて風呂やご馳走でもてなします。神様は目に見えず、主人は、あたかも神様がいるかのような一人芝居を演じます。そして年を越し、翌年二月に田んぼにお返しします。ユネスコ無形文化遺産。

＊ 季のうみのもの

海鼠（なまこ）

冬はナマコが美味しい季節。日本や中国では古くから食用とし、なじみ深い生き物です。不気味な容姿ではありますが、全身捨てるところがありません。ぶつ切りにして酢洗いし、おろしダイコンを加えて三杯酢をかけても美味。ナマコの腸の塩辛を「海鼠腸《このわた》」といいますが、酒の肴《さかな》には何よりのもの。冬の海の潮騒の香が、口中に広がります。ウニ、カラスミと並んで日本の三大珍味です。

＊ 季のむし

雪虫（ゆきむし）

晩秋から初冬に、ふわふわと空を漂います。北国では、初雪の降る少し前に現れるといわれ、冬の訪れを告げる虫です。オスには口がなく、寿命は一週間ほど。メスも卵を産むとすぐに死にます。熱に弱く、そっと触れても弱ってしまう、はかない虫です。「綿虫」「しろばんば」とも。アブラムシの一種。

候のメモ　十二月八日は、関西では針供養の日。針を豆腐などに刺し、神社に奉納します。

大雪・次候・熊蟄穴

第六十二候

熊穴に蟄る《くまあなにこもる》

たっぷりと脂肪を溜め込み、熊が冬眠のために穴にこもるころ。

熊の眠りは浅く、出産も冬ごもりの間に行われ、授乳して育てる。体温を下げ、仮死状態で冬を越すことを「冬眠」といい、穴の中などで極力動かず体力を温存することを「冬ごもり」という。うつらうつらと夢を見ながら、それぞれの方法で、春の目覚めを待つ。

太郎を眠らせ、太郎の屋根に雪ふりつむ。
次郎を眠らせ、次郎の屋根に雪ふりつむ。
（三好達治「雪」より）

＊季のことば

【冬籠】ふゆごもり

冬の季語

万物を眠らせるように雪が降る冬。厳しい寒さを迎えて、生き物たちは息をひそめます。人間もまた、活動を控えて家にこもります。こたつに入って仲間と話に興じたり、暖炉の火を見つめ、物思いにふけったり。

〝冬ごもり〟は、「春」にかかる枕詞。「冬ごもり　春さり来れば…」。冬枯れの樹木も、冬ごもりの動物も、花芽を充実させ、エネルギーを蓄え、やがて来る春を待っています。

＊ 季のならわし

正月事始 しょうがつことはじめ

正月は、年神様を家に招き入れる大事な祭事。ご先祖様が帰ってくるとも。旧暦十二月十三日は、その準備をはじめる日でした。大晦日まで、煤払《すすはら》い・松迎え・注連縄《しめなわ》づくり・餅つきなど、さまざまな用事が立て込みます。正月の準備は二十八日までに終わらせ、残ったとしても二十九日は「苦の日」なので、三十日に行います。飾りものやお供えは、「一夜飾り」になるため、三十一日に飾るのは避けます。

煤払い すすはらい

神棚や仏壇をきれいにし、家中を掃除して一年分の汚れを払い、浄めます。旧暦十二月十三日は「鬼宿日《きしゅくにち》」といって、婚礼以外は吉という日。江戸城で煤払《すすはら》いが行われ、城下町でもそれにならったそうです。

松迎え まつむかえ

門松にする松や、正月料理に使う薪《たきぎ》などを採りに、山に入ること。家長か、新年の「年男」が行います。かつて「年男」とは、正月行事全般を取りしきる男性のことでした。

お歳暮 おせいぼ

本来は、正月用のお供え物です。お歳暮を十三日頃から贈るのはその名残。現在、十二月上旬から二十日頃までに届くように手配します。紅白の水引を蝶結び・花結びにして、のし紙を使用。「お歳暮」の表書きをし、送り主の名前を入れます。ただし、魚や肉などの生ものには、のしをつけません。二十五日を過ぎてしまった場合は、「お年賀」の表書きで松の内までに。

＊ 季のうみのもの

鰹節 かつおぶし

カツオ節は、魚のカツオの肉を加熱し、乾燥させた日本の保存食品です。縁起物でもあり、お雑煮や煮物、数の子など、お節料理づくりには、おいしいカツオ節が欠かせません。最近では、家でカツオ節を削ることも少なくなりましたが、やはり削りたての香りと風味は違います。

候のメモ 忘年会シーズン。疲れた胃・肝臓には消化酵素を含むダイコンおろしがよく効きます。

第六十三候

鱖魚群がる《さけのうおむらがる》

サケが群をなして川をのぼっていくころ。北海道から東北の冬の風物詩。

サケの遡上は九月にはじまり一月中旬まで続き、息をのむほどの迫力だ。川で生まれたサケは、川を下ってアラスカ沖で育ち、産卵のため川に戻る。体力をふりしぼり、川の流れに逆らってのぼり、鼻は曲がりボロボロになる。空も地もふさがり、熊は穴にこもり、鮭が川をのぼった。そして次の節気に移る。

＊ 季のことば

【新巻《あらまき》】

冬の季語

内臓を除いたサケを、あら薄塩で漬けて菰《こも》で包み、その上に縄を巻きつけたもの。荒巻とも。お歳暮の贈答に多く用いられ、新年の食膳にのぼります。

石狩の新巻提げて上京す　上牧芳堂

＊ 季の草花

【篝火花《かがりびばな》】

サクラソウ科のシクラメンのこと。和名の由来は、とある貴婦人が「これはかがり火のような花ですね」と言ったことから。植物学者の牧野富太郎が命名。冬に花を咲かせ、クリスマスのプレゼントやお歳暮に喜ばれます。

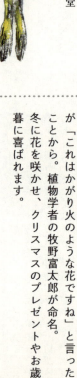

【牡蠣《かき》】

カキには多くの種類がありますが、多く食べられているのは冬が旬の真ガキ。広島や宮城、岩手などが産地として有名です。

カキは「海のミルク」と呼ばれるほど、ミネラル類が豊富。世界中で食され、人類がもっとも親しんできた貝のひとつです。

古代ローマの時代から養殖も行われ、フランス料理では生ガキをオードブルに使います。肉や魚などの生食を避ける欧米では、例外的な食材。生ガキはもちろんですが、揚げ物やフライにしても、幅広く料理できます。

ただし、May、June、July、August といった、スペルに「R」がつかない五月から八月までは、カキを食べてはいけないとわれます。

新巻一匹丸ごと使い切り

新巻が手に入ったら、無駄にせず一匹丸ごと使い切りましょう。身はマリネやパスタ、押し寿司に。頭と骨、ヒレは粕汁。皮は焼いて、和え物にでも。

［おろし方］

①頭を左にして、胸ビレの下から包丁を入れ、中骨に当たるまで切り込みを入れる。

②裏返して①と同様に中骨まで切り込みを入れ、骨にあたったら力を入れて一気に頭を切り落とす。

↓おでこの軟骨は、「氷頭《ひず》なます」にする。

③身をあらかじめ二〜三つに切り分ける。

④背ビレ尾ビレなどを切り落とす。

背側から包丁を入れて中骨に当たるまで切れ目を入れておく。

⑤腹側から包丁を入れ、中骨に当たったら、左手で身を持ちあげるようにして、身と骨を離す。

⑥ほかの部分も同じ手順で三枚におろす。

長期間保存するなら③の状態でラップに包んで冷凍庫へ。

※包丁を持っていない方の手に、ゴム手袋をはめてさばくと、ケガの予防になります

候のメモ　納めのご縁日。東京・浅草寺では羽子板市が催されます。十二月十七〜十九日。

冬至《とうじ》

日、南《みなみ》の限りを行きて、
日の短きの至りなればなり

ポインセチア愛の一語の虚実かな

角川源義

冬至・初候・乃東生

第六十四候

乃東生ず

なつかれくさしょうず

旧暦十一月中。「冬至」最初の候。薬草となるウツボグサが芽吹くころ。

第二十八候「乃東枯」と対応。ウツボグサは冬至に芽を出し、夏至に枯れる。

節気「冬至」は、太陽がもっとも低くなり、もっとも昼が短くなる日。

古今東西、太陽の復活祭が行われる季節。クリスマスの起源も冬至祭であるとか。

「乃東生」からはじまり、大鹿の角が落ちる「麋角解」、雪の下で麦が芽を出す「雪下出麦」の三候。

旧暦十一月・師走

＊ 季のことば

【一陽来復】

いちようらいふく

冬の季語

冬至のことを一陽来復ともいいます。中国の「易《えき》経《きょう》」に出てくる言葉です。

太陽の力がもっとも弱まる冬至。古代中国では、この日を一年のはじまりとして、新しい復活の起点としました。冬至を境にして、日脚は少しずつ伸びていきます。

日本では、ユズ湯に入ったり、小豆粥や冬至南瓜《とうじかぼちゃ》を食し、無病息災を祈ります。

冬来たりなば春遠からじ。

【冬至の七種】とうじのななくさ

冬至の日に「ん」のつくものを食べ、「運」を呼び込もうというならわしが「運盛り」です。南京《なんきん》（カボチャ）、レンコン、ニンジン、ギンナン、キンカン、寒天、うどん。この七種類が特によいとされ、「冬至の七種《ななくさ》」といいます。コンニャクを食べることも。

冬至の「と」にちなみ、唐茄子《とうなす》（カボチャ）、豆腐、唐辛子、ドジョウ、いとこ煮を食べるならわしもあります。
小豆粥を食べる風習は中国よりの伝来です。

【冬至風呂】とうじぶろ

冬至の日には、柑橘類のユズを丸ごと浴槽に浮かべた、ユズ湯に入ります。菖蒲《しょうぶ》湯やヨモギ湯と同じように、ユズの強い香りで邪気を祓い、身を清める意味があるのでしょう。果実を半分か輪切りにして、ガーゼなどの袋に入れてもよし。ユズ湯につかりながら、「一陽来復」と唱えると、幸せを呼ぶそうです。

候のメモ　東京・早稲田の穴八幡宮の一陽来復のお守りは有名。冬至から節分の日まで。

冬至カボチャと小豆のいとこ煮

「いとこ煮」とは、小豆とともに野菜などを煮る料理のこと。煮るのに固いものから順に入れていきます。その際、おいおいに入れるので「甥」とかけて従兄弟《いとこ》煮と呼ぶそうです。

［材料］
カボチャ　小¼個
ゆで小豆　150〜200g
だし汁　1カップ
酒　½カップ

砂糖	大さじ3	A
みりん	大さじ1	A
薄口しょうゆ	大さじ1	A
塩	小さじ½	A

①カボチャはワタと種を取り、一口大に切る。
②鍋にカボチャとだし汁、酒を入れて火にかける。
③ひと煮立ちしたら、ゆで小豆とAを加えて、中火にかける。
④煮立ったら弱火にして、落とし蓋をして10分煮る。
⑤カボチャがやわらかくなったら、鍋をゆすって1〜2分煮る。できあがり。

冬至・次候・麋角解

旧暦十一月・師走

第六十五候

麋角解つる

さわしかのつのおつる

大鹿の角が落ちるころ。「麋《さわしか》」とはトナカイ、またはヘラジカのことといわれる。

トナカイはアイヌ語の「トゥナカイ」に由来。北方民族が古くから家畜化し、人に馴れた鹿という意味で「馴鹿《なれしか》」と書く。雌雄とも角を持つが、オスの角は秋から冬にかけて抜け落ち、春に再生する。ヘラジカは水辺を好む最大級のシカ。生命の象徴のようなシカの角。死と復活が交差する、冬至の季節にふさわしい。

＊季のことば

【歳の市／年の市】

としのいち　冬の季語

年の瀬も押し迫ると、「歳の市」が立ちます。注《し》連《め》飾《かざり》、門松、榊《さかき》、橙《だいだい》、楪《ゆずりは》、そのほか新年調度などが売られます。

東京では、古くから浅草観音の境内がにぎわいました。駅前などに小屋をつくり、正月飾りを売ることを「飾売《かざりうり》」といいます。

農家では、正月準備として、門松も注《し》連《め》飾りも、山に刈りにいき、藁を綯《な》ってつくります。

【注連飾る】

しめかざる　冬の季語

年神さまを迎えるお正月準備として、注《し》連《め》縄《なわ》で結界を張り、神聖な空間をつくることをいいます。その土地によって形もさまざま。飾る場所は、玄関や神棚、台所など。一日飾りはよくないとされ、暮の三十日までに飾ります。

＊季のやさい

【春菊《しゅんぎく》】

キク科の植物。春に花を咲かせるので「春菊」。花が咲くまでの茎や葉を冬に食べます。独特の苦みが肉の臭みを消すため、すき焼きやジンギスカン鍋には欠かせません。

＊季のさかな

【河豚《ふぐ》】

冬の味覚といえば河豚《ふぐ》。フグは福に通じる縁起物です。干したフグのヒレをこんがり焼き、熱《あつ》燗《かん》を注いだ「ヒレ酒」はこたえられません。

ただし、「フグは食いたし命は惜しし」といわれるように、血液や内臓に強い毒があります。フグは、あたるとすぐ死ぬことから「鉄砲」の異名を持ち、そこからフグ刺しは「テッポウ刺し」、フグちり鍋は「テッチリ」と呼ばれます。

極道に生まれて河豚のうまさかな　吉井 勇

＊季の行事食

【お節料理《おせちりょうり》】

お節料理は年神様へのお供え物。壱の重は「ご祝儀」。弐の重は「口取り」、酢のもの、焼きもの、煮物など。参の重は「煮しめ」。三種の祝い肴《ざかな》は「黒豆」「数の子」「田作り」です。お正月に使うのは、両端が細くなった祝い箸。神様と一緒にいただきます。「太箸《ふとばし》」とも。

壱の重 ご祝儀	**弐の重** 口取り	**参の重** 煮しめ
数の子　ニシンの卵は数が多いので、「子孫繁栄」	**紅白なます**　紅白の彩りがめでたい	**レンコン**　穴から将来の見通しがよく「順風満帆」
黒豆　「まめ」に働き、「まめ」に暮らせるように	**海老**　海老のように腰が曲がるまで「延命長寿」	**里芋**　多くの子芋がつくように「子孫繁栄」
田作り　田畑の肥料になるイワシは「五穀豊穣」	**昆布巻き**　よろ「こぶ」にかけて「一家発展」	**ゴボウ**　ゴボウのように根を張り「細く長く幸せに」
紅白かまぼこ　紅白でめでたく、半円形は「日の出」		**ニンジン**　梅の花に似せた梅ニンジンではなやかに
伊達巻　巻物の形で「学業成就」		
錦玉子　金銀の錦のようでおめでたい		
栗金団《きんとん》　栗は「勝ち栗」。「金団」と書き、「金運上昇」		

候のメモ　黒豆は炭酸水を加えると、芯まででふっくらやわらかく煮えます。

冬至・末候・雪下出麦

旧暦十一月・師走／睦月

第六十六候

雪下りて麦出ずる

ゆきわたりてむぎいずる

雪の下から、麦が芽を出すころ。厳しい寒さの中でも生命は息づいている。

「冬至」の最後の候。「小満」末候、第二十四候「麦秋至」と対応。

新暦では、新しい年を迎える時期、一面の雪景色となるところも多いだろう。

小さな麦の芽は、何度も人間の足で踏まれる。そのたびに強く大きく育ってゆく。

ウツボグサが生え、大鹿の角が落ち、雪の下では麦が芽吹いた。そして次の節気に移る。

＊ 季のことば

【除夜】

じょや

冬の季語

十二月三十一の夜のこと。「年の夜」とも。眠らずに、年神様を迎えることを「年越し」といいます。午前零時を期して、各地の寺で除夜の鐘が鳴りだします。その音を聞きながら食べるのが「年越し蕎麦《そば》」。そばのように細く長く、延命長寿と厄災との縁切りを祈ります。

百八の鐘の音とともに、煩悩がひとつずつ救われ、晴れやかな気持ちで新年を迎えます。

＊季のならわし

屠蘇《とそ》

年頭のお祝いとして飲む薬酒。山椒《さんしょう》・桔梗《ききょう》、肉桂《にっけい》、陳皮《ちんぴ》などを調合した袋を、酒あるいはみりんに一晩浸します。大中小の三つ重ねの盃《さかずき》で、年下のものから順番にいただきます。

雑煮《ぞうに》

正月三が日はお餅を入れたお雑煮を食べます。お餅は「ハレ」の食べ物。年神様を迎えるにあたり、餅をついて他の産物とともにお供えをしました。元日にそのお供えを、神様と一緒にいただく行事が「直会《なおらい》」。お雑煮はその名残です。一般的に、西日本では白味噌仕立ての丸餅、東日本ではすまし汁仕立ての焼いた角餅。お雑煮は地方色豊かで、あん餅雑煮、海苔雑煮も。ブリやサケ、カキなどの魚介類、トリ肉など具もさまざまです。

初夢《はつゆめ》

縁起のよい初夢といえば、「一《いち》富《ふ》士《じ》二《に》鷹《たか》三《さん》茄子《なすび》」。富士山、鷹、ナス。見たいと思っても、とても無理。そんなときは、七福神が乗る宝船の絵を枕の下に置いて寝ると、よいそうな。絵には次のような回文を書いておきます。

なかきよの　とおのねふりのみなめざめ
なみのりふねの　おとのよきかな
（長き世の　遠の眠りのみな目覚め
波乗り舟の　音のよきかな）

回文とは、上から読んでも下から読んでも同じになる言葉のこと。悪い夢を食べる獏《ばく》の絵、または漢字を書いた紙も一緒に敷くとさらによし。

上段左より：恵比寿《えびす》・福禄寿《ふくろくじゅ》・毘沙門天《びしゃもんてん》
下段左より：大黒天《だいこくてん》・弁財天《べんざいてん》・布袋《ほてい》・寿老人《じゅろうじん》

☆松の内、七福神を祀る神社を巡拝して、一年の開運を祈る「七福神詣」が人気。

候のメモ　元旦、その年はじめて汲んだ水を「若水」といいます。若水で福茶をたてます。

小寒《しょうかん》

冬至より一陽起るがゆえに、
陰気に逆らうゆえ益々冷ゆるなり

人恋し春の七種《ななくさ》数ふれば

加倉井秋を

小寒・初候・芹乃栄

第六十七候

芹乃栄う《せりすなわちさかう》

晩冬。旧暦十二月節。「小寒」最初の候。水辺でセリが生えはじめるころ。

節気「小寒」は寒さが一段と厳しくなり、「寒《かん》」に入る季節。この日から立春までを「寒の内」「寒中」という。酒や醤油、味噌なども仕込む。「寒稽古」で武道に励み、寒中水泳などで鍛錬するのもこの時期。「芹乃栄」からはじまり、地中の泉が動く「水泉動」、雉が鳴く「雉始雊」の三候。

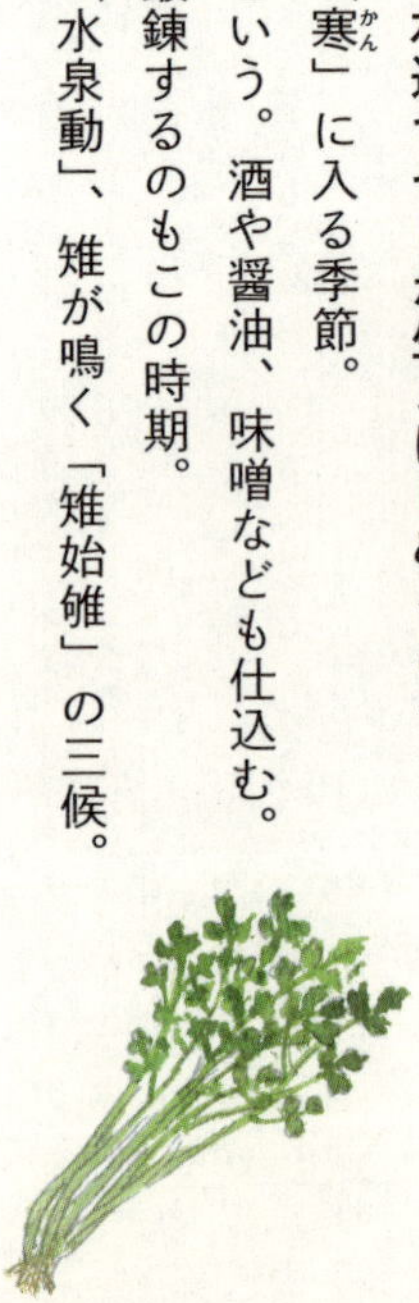

旧暦十二月・睦月

＊季のことば

【寒の水】《かんのみず》

冬の季語

「寒の内」の水をいいます。この時期に汲まれた水は霊力があるとされ、薬として飲まれました。寒の水は身が引き締まるほどに冷たく、清いことから、酒造りは最盛期になります。寒中についた餅は「寒餅」、紅の染め物や口紅は「寒紅」と呼ばれ、質のよさから、珍重されました。特に、寒入りしてから九日目は、「寒九《かんく》の水」として尊ばれます。

＊季のならわし

【だるま市】《だるまいち》

七転び八起き。年末から春先にかけて、冬の風物詩「だるま市」が各地で催されます。赤や白、黄色、緑など色とりどり。さまざまな大きさのだるまが並びます。群馬・高崎の少林山達磨寺「七草大祭だるま市」は一月六〜七日に開催。「縁起だるま」発祥のお寺です。

人日の節句《じんじつのせっく》

五節句のひとつ。「七草の節句」「七草の祝い」とも。正月七日に七草粥を食べ、五穀豊穣と無病息災を祈ります。

古代の「若菜摘み」が原点といわれます。

準備は六日夜から。台所の七つの道具（薪・包丁・火ばし・すりこぎ・杓子《しゃくし》・銅杓子・菜ばし）を用意し、七草のひとつをまな板にのせ、その年の恵方を向きます。七つ道具のひとつを手にとり「七草囃子《ばやし》」を歌いながら、大きな音を立てながら叩きます。これを七回ずつ、合わせて四十九回行います。「七草叩き」とも。これは、豊作を祈り、悪さをする鳥を追い払う「鳥追い歌」の転用といわれます。一晩七草を神棚に供え、翌朝の七日、お粥に炊き込んでいただきます。

七草囃子《ななくさばやし》

七草なずな、唐土《とうど》の鳥が、日本の土地に、
渡らぬ先に、七草なずな、手に摘み入れて♪

など、地方により歌詞に違いがあります。

七草《ななくさ》

元々の「七草」は秋の七草をさします。春の七草は、「七種」と書いていました。

「七草爪」は、春の七草を浸した水に指を入れ、やわらかくした爪を切るならわしです。邪気祓いとなり、その年一年の無病息災を祈ります。

芹	セリ	セリ科。香りがよく、おひたしなどにも。宮城・仙台のセリ鍋は有名
薺	ナズナ	アブラナ科。ペンペン草とも。かつては冬の貴重な野菜だった
御形／御行	ゴギョウ／オギョウ	キク科。母子草《ははこぐさ》のこと。昔は草餅の材料だった
繁縷	ハコベラ	ナデシコ科。ハコベ。おひたしにしたりする。小鳥の餌にも
仏の座	ホトケノザ	キク科。現在のシソ科ホトケノザではなく、タビラコのこと
菘／鈴菜	スズナ	アブラナ科。カブのこと
蘿蔔／清白	スズシロ	アブラナ科。ダイコンのこと

候のメモ 寒の入りから立春の前日までが寒中見舞いの時期。年賀状を出せなかったひとに。

小寒・次候・水泉動

第六十八候

水泉動《しみずあたたかをふくむ》

旧暦十二月・睦月

地中で凍った水が、あたたかくなり解けはじめるころ。

「水泉」とは、地中から湧きいでる泉のこと。
地下の水は四季を通じて温度変化はなく、普通は凍ることもない。
目には見えない大地の下に、微かな春の動きを読もうとする先人の心だ。
宝暦暦・寛政暦では、「すいせんうごく」と読む。

＊ **季のことば**

【冴ゆる《さゆる》】

冬の季語

寒い、冷えるよりもさらに、寒さが極まった感じをいいます。光や色、音などが透き通り、純粋な結晶となったように、凛としています。冬の月や星が輝くさまを、月冴ゆる、星冴ゆるといいます。「凍る」も似た季語ですが、視覚的・感覚的に、より鋭さを含んでいます。

冴ゆる夜のこゝろの底にふるゝもの
久保田万太郎

【温州蜜柑】

うんしゅうみかん

冬になれば、こたつでミカン。海外では「テレビオレンジ」という愛称も。焼きミカンも美味。

単に「ミカン」といえば、普通は「温州蜜柑《うんしゅうみかん》」のこと。名前こそ柑橘の名産地、中国の温州《うんしゅう》にちなみますが、日本生まれの果実です。原産は、九州の不知火《しらぬい》海沿岸だといわれます。

ミカンの皮は、捨ててしまってはもったいない。お屠蘇に使う薬草のひとつ、「陳皮《ちんぴ》」を手づくりしてみましょう。

まずは、おへその部分はとりのぞき、水に数時間つけます。皮の裏の白い部分も残し、千切りにします。天日で一週間ほどカリカリになるまで干します。ミキサーなどで砕き、清潔な容器で保存。入浴剤、お茶、中華料理やお菓子づくりのスパイスなど、幅広く使えます。

冬の大三角形

——オリオンと猟犬たち

冬を代表する星座は、オリオン座。均等に並んだ三つ星と、それを取り囲む四つの明るい星から成ります。和名は「鼓星《つづみぼし》」。

狩人オリオンは、腰に三ツ星の飾り帯を巻き、真東からのぼり真西に沈みます。オリオンの右肩が、赤い星のベテルギウス。和名は「平家星」。左足の白い星がリゲルで、「源氏星」。三ツ星をはさんで、対峙しています。

三ツ星のラインを延長すれば、おおいぬ座のシリウス。オリオンの猟犬ともいわれます。中国名・和名は「天狼《てんろう》」「青星」。全天で一番明るく、猛きオオカミの瞳のように、青白くらんらんと輝きます。ギリシャ語の、「火花を散らす」「焼き焦がす」が由来。

ベテルギウスの左上線上に、こいぬ座の白い星、プロキオン。シリウスが東からのぼる直前、まるで先ぶれのように姿を現します。意味は「犬に先立つもの」。簡素なふたつの星から成る星座で、和名は「二つ星」。

オリオン座のベテルギウス、おおいぬ座のシリウス、こいぬ座のプロキオン。この三つの一等星を結んでできるのが、「冬の大三角形」です。

候のメモ　寒入り後九日目の雨は「寒九の雨」。春が近いことを知らせ豊穣を約束します。

小寒・末候・雉始雊

第六十九候

雉始めて雊く

きじはじめてなく

キジが妻を恋いて、鳴きはじめるころ。

キジの異名は「妻恋鳥《つまこいどり》」。寒さは頂点へと向かう時期。だが、キジの声に呼応するように日脚は少し伸びてきて、空も明るくなってゆく。セリは生い茂り、泉は地中であたたかくなり、キジが妻を呼ぶ。そして二十四節気の最後「大寒」に移る。

旧暦十二月・睦月

＊季のことば

【成人の日】

せいじんのひ　冬の季語

一月の第二日曜日は「成人の日」。昭和三十三年に国民の祝日として制定されました。当時、一月十五日に定めたのは、かつてその翌日が、奉公人の休日「藪入り」だったからとも。奉公先や嫁ぎ先で小正月《こしょうがつ》を終えた十六日。若者たちは、成長し大人びた顔をして、それぞれ里帰りしてゆきました。

成人の日の大鯛は虹の如し　水原秋桜子

＊季のきのみ

【金柑】

きんかん

中国原産。金橘《きんきつ》とも。香港の旧正月では、金運の縁起物として、街のいたるところで飾られます。古くから、のどの痛みや咳に効く、民間薬として知られています。手軽につくれる甘露煮は、おすすめです。

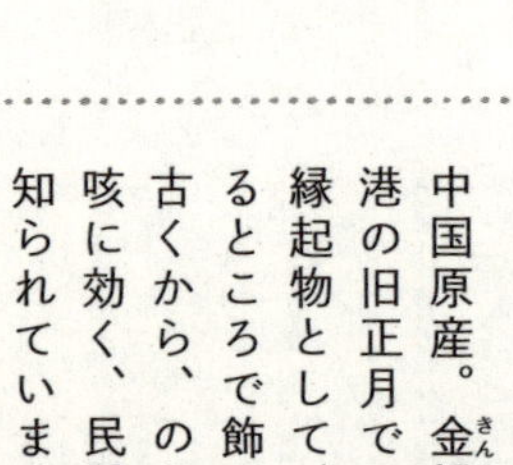

＊ 季のならわし

小正月　こしょうがつ

元日を中心とした「大正月《おおしょうがつ》」に対し、一月十五日前後の期間を「小正月《こしょうがつ》」と呼びます。

昔、日本では「月の満ち欠け」を暦の基準にして、一年で最初の満月の日を「正月」としていました。「小正月」はその名残といわれます。

「女正月」とも呼ばれ、大正月に忙しく立ち働いた女性たちの、骨休めの日です。柳などに、色づけた餅玉や団子を刺し、その「餅花《もちばな》」を門前や家の中に飾ります。花正月とも。

どんど焼き　どんどやき

小正月の火祭り。左義長《さぎちょう》とも。全国各地で盛大に火が焚かれ、正月飾りや古いお札、書初めなどを燃やします。子どもたちのお祭りともされ、燃やすものの回収などを行います。年神様は、この火に乗ってお帰りになるのだとか。

正月納めの火で焼いた餅や団子を食べると、一年無病息災で過ごせるそうです。

小豆粥　あずきがゆ

小正月の十五日朝には、小豆粥を食べる風習があります。小豆の赤は縁起がよく、魔除けの色です。中国伝来で、平安時代の『土佐日記』にも登場します。「十五日粥」とも。

＊ 季のとり

雉　きじ

「ケーン」と鳴き、「ほろろ」と羽ばたくキジ。オスの体色は、鮮やかで派手な緑。

万葉の時代より、妻《つま》（夫）を恋い、親は子を思い、子は父母を慕うとして、歌に詠まれてきた野鳥です。

桃太郎の家来としても有名です。

ニホンキジは日本の固有種。一九四七年に日本鳥学会より「国鳥」に選ばれました。とてもおいしいためか、狩猟は許されています。

候のメモ　冬土用は立春直前の十八～九日間。未の日に、「ひ」のつく赤い食べ物を。

大寒《たいかん》

冷ゆることの至りて甚《はなは》だしきときなればなり

匂ふほどの雪となりたる追《つい》儺《な》かな

小林康治

第七十候

款冬華さく

ふきのはなさく

旧暦十二月中。「大寒」最初の候。フキの花が咲きはじめるころ。「款冬《かんとう》」はフキの別名。

雪の間から顔を出すフキノトウは、極まる寒さの中に訪れる春の使者。
節気「大寒」は、一年でもっとも寒さが厳しい季節。二十四節気の最後。
大寒の日の朝に汲んだ水は縁起物。もっとも澄んでいて腐らないといわれる。
「款冬華」からはじまり、流水も凍る「水沢腹堅」、鶏が卵を産む「鶏始乳」の三候。

＊季の草花

【蠟梅】

ろうばい

梅に先駆けて、小さな香り高い花を咲かせる蠟梅《ろうばい》。旧暦十二月の異名である「臘月《ろうげつ》」に咲くのでこの名がつきました。花が、蠟細工のようだからとも。中国では「迎春花」、英語では「Winter sweet」といいます。梅の仲間に間違えられますが、クスノキ目ロウバイ科です。

臘梅《ろうばい》や雪うち透かす枝の丈　芥川龍之介

＊季のことば

【二十日正月】

はつかしょうがつ　冬の季語

正月の祝い納めの日。関西では、ブリなどの骨やお餅など、ご馳走すべてを鍋や団子にして食べ尽くします。「骨正月」「団子正月」とも。「鏡開き」も、関西はこの日。
「鏡開き」とは、年神様にお供えした鏡餅を木槌などで割って、お汁粉や雑煮にして食べる行事です。関東では、年神様へのお供えが終わる「松の内」は七日。そのため、鏡開きを一般的に十一日に行います。

＊ 季の根菜

【蓮根《れんこん》】

ハスの地下茎が肥大したレンコンは、お正月の縁起野菜。切ると糸を引きますが、ネバネバのもとはムチン。納豆やオクラと同じ成分です。ポリフェノールの一種、タンニンを含み、鼻やのど、気管支などの粘膜を保護してくれます。花粉症も予防します。レンコンのしぼり汁に、ハチミツとお湯を注いだものをコップ半分ほど飲むと、風邪によく効きます。

【牛蒡《ごぼう》】

食物繊維が豊富な、キク科の伝統野菜。昔から「精がつく」といわれ、かの豊臣秀吉もわざわざ故郷から、特上品を献上させていたほど。ゴボウの栄養や風味は、表皮部分に多いので、包丁の背で軽くこそげる程度にします。煮るときは、すりこぎなどで軽くたたくと、大きく切っても味がしみこみやすいです。

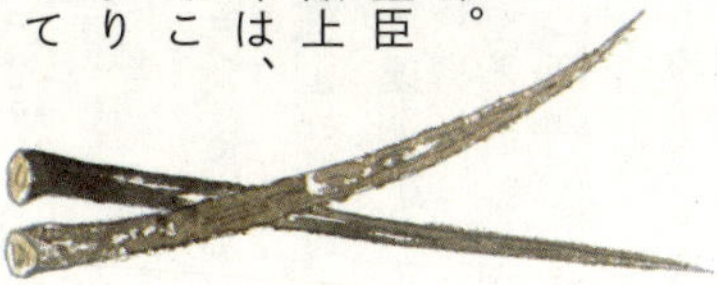

【大根《だいこん》】

清白《すずしろ》の名で、春の七草に加わるダイコン。寒くなると甘さが増し、おでんや鍋物など、冬には欠かせない食材です。

アミラーゼという消化酵素が多く含まれていて、胃もたれ、胸やけ、二日酔いにはダイコンおろしがよく効きます。

民間薬として人気なのは、咳止めの「ダイコンあめ」。つくり方はとても簡単です。

①ダイコンを皮ごと、一センチ角のさいの目に切り、保存容器に入れる。
②ハチミツか水あめを、ダイコンが浸かる程度に回しかける。一晩冷蔵庫に入れておく。
③ダイコンを取りだして、できあがり。

そのまま舐めても、お湯割りでも。二日程度で食べきる量をつくります。

候のメモ　醤油や豆腐、酒など「大寒仕込み」の季節。手づくり味噌なら、ぜひこの時期に。

大寒・次候・水沢腹堅

第七十一候

沢水腹堅める

さわみずこおりつめる

沢の水が厚く固く張りつめるころ。寒さここに極まれり。

一年でもっとも寒く、日本最低気温が記録されたのもこの時期。明治三十五年一月二十五日、北海道旭川市でマイナス四十一度。北海道ではまだまだ厳しい寒さが続き、流氷のシーズンを迎える。一方で、太陽の光の中で、梅のつぼみがほころびはじめている。

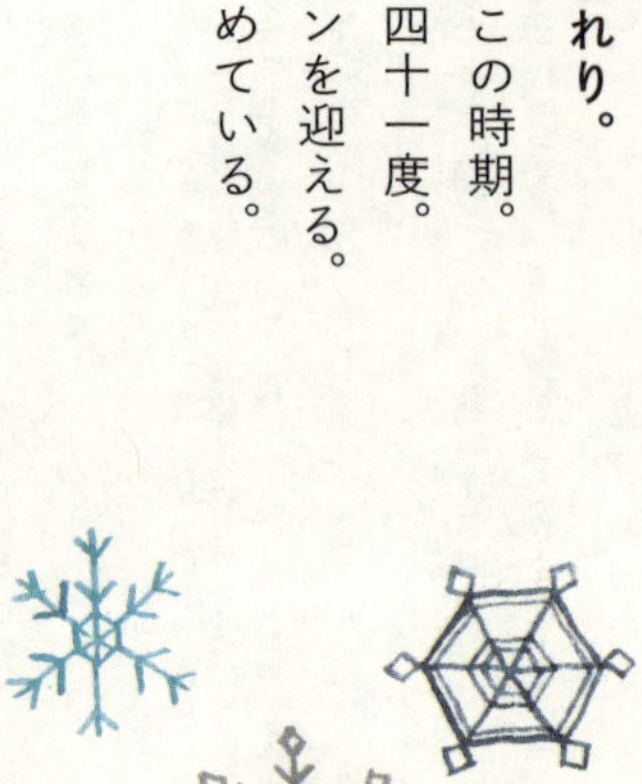

旧暦十二月・睦月

＊季のことば

【雪見酒】

ゆきみざけ

冬の季語

春は花見、秋は月見。そして冬は雪見。四季折々の遊びは、お酒と縁が深いもの。その昔、江戸の住人で豪華な雪見の宴を開くのは、一部の富裕層。庶民は、近郊の山にのぼり、雪見舟を出し、雪景色を前に雪見酒を酌み交わしたそうです。雪見は粋な遊び。寒さの中で酔いどれ楽しむのが「真の風流」なのです。

雪見酒鶴にはなれぬ男かな　角川春樹

【雪女】

ゆきおんな

冬の季語

「あれほどしゃべってはいけないといったのに」。そう言って姿を消す雪女。豪雪地帯に古くから伝わる、妖怪伝説のひとつ。「雪女郎《ゆきじょろう》」とも。小泉八雲が記した「雪女」の舞台は、武蔵の国。現・東京都青梅市の多摩川沿いだとか。百年と少し前の日本列島は今より寒く、その辺りでも、よく吹雪いたのでしょうか。

雪女郎おそろし父の恋恐ろし　中村草田男

【丹頂《たんちょう》】

「花」が桜であるように、単に「鶴」といえば通常、タンチョウのことをさします。姿美しく、子を可愛がる長寿の鳥として、古来より愛されてきました。北海道・釧路雪原での求愛のディスプレイ、「鶴の舞」は有名です。

「鶴の恩返し」をはじめ、「鶴女房」の系譜の話も、やはり豪雪地帯に多く伝わります。

雪の降り積もる寒い冬、助けられた鶴が美しい女性に化身し、年若い男や老夫婦の家にやってきて、恩返しをする。これが基本の型。

雪女や鶴など、人間外の存在と人間が結婚する説話を、異類婚姻譚《いるいこんいんたん》といいます。またどちらも、古今東西広くみられる「言うな」「見るな」のタブーがモチーフです。

このような昔話は、雪に閉ざされた長い冬、囲炉裏の火を囲んでの炉辺話《ろべばなし》として、口承で受け継がれていったのでしょう。

雪のなまえいろいろ

太宰治の自伝的小説『津軽』は、東奥年鑑による「津軽の雪」の、七つの名前からはじまります。記された雪の名を音読すれば、雪深い東北に生きる人々の、生活や思いが伝わってきます。

- 粉雪《こなゆき》…さらさらとした粉末状の雪
- 粒雪《つぶゆき》…粒状の雪が積もったもの
- 綿雪《わたゆき》…綿をちぎったような大きな雪片の雪
- 水雪《みずゆき》…水気の多くべちゃっとした雪
- 固雪《かたゆき》…夜に再凍結して固くなった状態の雪
- 粗目雪《ざらめゆき》…ざらめ糖のように大粒の積雪
- 氷雪《こおりゆき》…みず雪、ざらめ雪が氷結して固くなり、氷に近い状態になったもの

候のメモ きれいな雪を、グラスにつめてお酒を注ぎ、「雪割り酒」を楽しみます。

第七十二候

鶏始乳

にわとりはじめてとやにつく

ニワトリが鳥屋《とや》で卵を産むころ。晩冬、「大寒」の最後の候。冬の終わり。

本来のニワトリは、冬には卵を産まない。産卵には太陽の光が関係する。厳しい冬に耐えた後には、幸福が待っているもの。卵を割ると、春がやってくる。フキノトウが顔を出し、氷は厚く張りつめ、ニワトリが卵を産んだ。冬は終わりを告げ、新しい季節がめぐってくる。

＊季のことば

【寒卵《かんたまご》】

冬の季語

寒中に生まれた卵が「寒卵」。春が近づくと、ニワトリは卵を産みはじめます。寒さゆえ、少しずつ。卵を割ると黄身が盛りあがり、ぷるん、と震えます。まるで金の卵のように、いかにも滋養たっぷりです。大寒のころの「大寒卵」は、金運と健康の縁起物。福卵とも。

＊季の草花

【南天《なんてん》】

冬に赤い実をつける樹木は多くありますが、南天もそのひとつ。「なんてん」を「難転」にかけて、災いを転じる縁起のよい木とされます。鬼が来る鬼門に、魔除けとして植えられます。正月飾り、節分飾りには欠かせません。

【節分】節分《せつぶん》

雑節のひとつ。本来節分とは、四季の節目の「立春・立夏・立秋・立冬の前日」のこと。江戸時代以降、立春前日を指すようになりました。

この日、邪気除けに「柊鰯《ひいらぎいわし》」を飾ります。ヒイラギにイワシの頭を刺したもので、ヒイラギのトゲが鬼の目を刺し、イワシの悪臭が鬼を追い払うとされます。

節分の元になったのが、平安時代からの宮中行事「追儺《ついな》」。大晦日に行われる鬼払いの儀式で、「鬼やらい」ともいわれます。

豆まき《まめまき》

節分前夜。家長か年男が、「福は内、鬼は外」と声をだしながら炒り大豆＝福豆をまき、鬼を追い払います。奥の部屋から順番にまき、最後は玄関まで。年齢にひとつ足した「数え年」の数だけ豆を食べ、無病息災を願います。食べきれない場合には、豆をお茶碗に入れて、お茶を注ぎ、「福茶」として飲みます。

「鬼は内」と声がけするところもあります。雪国では、殻つきの落花生をまく地域も。

鬼払いの豆のいわれは、「魔の目（＝まめ）を豆で射て、魔滅（＝まめつ）させる」。

恵方巻《えほうまき》

節分の日に食べる太巻き寿司のこと。商売繁盛や無病息災を願います。恵方を向き、一本を丸かじりに無言で食べることで、運をのがしません。「丸かぶり寿司」「福巻寿司」とも。

大阪を中心とした風習で、全国的に家庭でも定着したのは、二十一世紀に入ってから。とあるコンビニエンスストアで、「恵方巻き」と名づけて売り出したことがはじまりだとか。

具は七福神にちなんで七種がよいとされます。厚焼き玉子・ウナギのかば焼き・キュウリ・ニンジン・さくらでんぶ・カンピョウ・干しシイタケなど。

候のメモ　福茶は、茶碗に梅干し一個、塩昆布少々、豆を三粒。お湯かお茶を注ぎます。

語句索引

あ

あいうう【藍植う】……54
あえのこと……173
あおいまつり【葵祭】……65
あおうめ【青梅】……80
あおきふむ【青き踏む】……30
あがりだんご【上蔟団子】……69
あきざくら【秋桜】……116
あきすずし【秋涼し】……118
あきつばめ【秋燕】……128
あきのしゃにち【秋の社日】……135
あきのせみ【秋の蝉】……110
あきのななくさ【秋の七草】……117
あきひがん【秋彼岸】……133
あげはちょう【揚羽蝶】……96
あさがおいち【朝顔市】……93
あさり【浅蜊】……49
あじ【鯵】……73
あしかび【葦牙】……52
あめふりばな【雨降花】……86
あやめ【菖蒲】……86
あゆ【鮎】……85
あらまき【新巻】……176
イースター・エッグ……47
いそあそび【磯遊び】……49
いちご【苺】……63
いちじく【無花果】……119
いちようらいふく【一陽来復】……180
いなづま【稲妻】……132
いのこのいわい【亥の子の祝い】……157
いろどり【色鳥】……142
いわし【鰯】……117
いわしぐも【鰯雲】……108
う【鵜】……87
うぐいす【鶯】……14
うぐいすもち【鶯餅】……15
うこんそう【鬱金草】……40
うすらい【薄氷】……16
うつぼぐさ【靭草】……85
うめしごと【梅仕事】……81
うめみ【梅見】……17
うらぼんえ【盂蘭盆会】……95
うんしゅうみかん【温州蜜柑】……191
えだまめ【枝豆】……110
おじぎそう【含羞草】……103
おしろいばな【白粉花】……113
おせいぼ【お歳暮】……175
おせきはん【お赤飯】……159
おせちりょうり【お節料理】……183
おそのまつり【獺の祭】……21
おちばたき【落葉焚】……166
おちゅうげん【お中元】……95
おでん……156
おとしみず【落とし水】……136
おぼろづき【朧月】……22
おらんだなでしこ【阿蘭陀撫子】……63

か

かいこかう【蚕飼う】……68
かがりびばな【篝火花】……176
かき【柿】……149
かき【牡蠣】……177
かじょうのひ【嘉祥の日】……81
かしわもち【柏餅】……61
かぜかおる【風薫る】……62
かたつむり【蝸牛】……80
かたばみ【酢漿草】……33
かつおぶし【鰹節】……175
かぶ【蕪】……20

かぶとむし【甲虫】……105
かりきたる【雁来る】……140
かわずなく【蛙鳴く】……60
かわせみ【翡翠】……103
かんたまご【寒卵】……200
かんだまつり【神田祭】……65
かんなづき【神無月】……137
かんなめさい【神嘗祭】……142
かんのみず【寒の水】……188
ぎおんまつり【祇園祭】……89
きく【菊】……143
きじ【雉】……193
きり【霧】……112
きりのはな【桐の花】……100
きんかん【金柑】……192
きんぎょ【金魚】……109
ぎんなん【銀杏】……141
くさもち【草餅】……31
くすだま【薬玉】……77
くりごはん【栗ご飯】……125
くるまえび【車海老】……94
けいこはじめ【稽古始】……77
げし【夏至】……84
こがらし【木枯らし】……160
ごくしょ【極暑】……100
ござんのおくりび
【五山の送り火】……111
こしょうがつ【小正月】……193
こち【東風】……12
ことようか【事八日】……173
このみおつ【木の実落つ】……152
こはるびより【小春日和】……168
こぶし【辛夷】……41
ごぼう【牛蒡】……197
こんぶ【昆布】……128

さ

さくらだい【桜鯛】……45
さくらもち【桜餅】……39
さくらゆ【桜湯】……39
ざくろ【柘榴】……137
さけ【鮭】……149
さざえ【栄螺】……53
さざんか【山茶花】……156
さほひめ【佐保姫】……22
さゆる【冴ゆる】……190
さんま【秋刀魚】……133
しか【鹿】……143
ししゃも【柳葉魚】……145
しちごさん【七五三】……159
しちせきのせっく【七夕の節句】……93
しめかざる【注連飾る】……182
しもばしら【霜柱】……158
しゅうえん【秋燕】……128
じゅうさんまいり【十三詣り】……47
じゅうさんや【十三夜】……141
じゅうろくだんごのひ
【十六団子の日】……33
しゅんぎく【春菊】……183
しゅんみん【春眠】……32
しゅんらい【春雷】……40
しょうがつことはじめ
【正月事始】……175
じょうしのせっく【上巳の節句】……25
しょうぶゆ【菖蒲湯】……61
しょちゅうみまい【暑中見舞い】……95
じょや【除夜】……184
じんじつのせっく【人日の節句】……189
しんまい【新米】……165
すいか【西瓜】……105
すいかずら【忍冬】……79
すいせん【水仙】……161
すずき【鱸】……113
すずみ【納涼】……102
すみれ【菫】……33
せいじんのひ【成人の日】……192
せいようなし【西洋梨】……172
せきれい【鶺鴒】……126
せつぶん【節分】……201
ぞうに【雑煮】……185

そらまめ【蚕豆】……69

た

だいこん【大根】……197
たうえ【田植え】……79
たうち【田打ち】……55
たかがり【鷹狩】……96
たけがり【茸狩】……153
たけのこ【筍】……64
たちうお【太刀魚】……129
たちばな【橘】……169
たままつり【魂祭】……111
たらのめ【楤芽】……28
だるまいち【だるま市】……188
たんごのせっく【端午の節句】……61
たんちょう【丹頂】……199
たんぽぽ【蒲公英】……36
ちとせあめ【千歳飴】……159
ちゃつみ【茶摘み】……57
ちょうようのせっく
【重陽の節句】……125
つきみ【月見】……126
つくし【土筆】……29
つぐみ【鶫】……145
つばめきたる【燕来る】……44
つゆ【露】……124
つゆあけ【梅雨明】……92
つゆさむ【露寒】……148
つわぶき【石蕗】……164
てんじんまつり【天神祭】……101
てんとうむし【天道虫】……70
とうじのななくさ【冬至の七種】……181
とうじぶろ【冬至風呂】……181
とうてい【冬帝】……172
とうもろこし【玉蜀黍】……109
とうろううまる【蟷螂生まる】……76
とおかんや【十日夜】……157
ときじくのかくのこのみ
【非時香果】……169
としのいち【歳／年の市】……182
とそ【屠蘇】……185
どよううなぎ【土用鰻】……97
とりくもにいる【鳥雲に入る】……46
とりのいち【酉の市】……157
とんぼ【蜻蛉】……133

な

なごしのはらえ【夏越の祓】……87
ななかまどのみ【七竈の実】……151
ななくさ【七草】……189
なのはな【菜の花】……23
なまこ【海鼠】……173
なわしろどき【苗代時】……55
なんてん【南天】……200
にいなめさい【新嘗祭】……165
にひゃくとうか【二百十日】……119
にゅうばい【入梅】……78
ねぎ【葱】……161
のわき／のわけ【野分】……120

は

はえ【南風】……92
ばかがい【馬鹿貝】……49
はすみ【蓮見】……94
はちじゅうはちや【八十八夜】……57
はつうまもうで【初午詣】……13
はつかしょうがつ【二十日正月】……196
はつがつお【初鰹】……63
はっさく【八朔】……121
はつしぐれ【初時雨】……150
ばった【飛蝗】……135
はつちょう【初蝶】……32
はつにじ【初虹】……48
はつね【初音】……14
はつゆめ【初夢】……185
はな【花】……38
はなびたいかい【花火大会】……101
はなまつり【花祭】……45

はなみ【花見】……39
はも【鱧】……89
はらみすずめ【孕雀】……36
はるつげうお【春告魚】……53
はるのどろ【春の泥】……20
はんげしょう【半夏生】……88
はんげだこ【半夏章魚】……89
ひがん【彼岸】……37
ひがんばな【彼岸花】……132
ひしもち【菱餅】……25
ひなげし【雛罌粟】……69
ひばり【雲雀】……23
ひまわり【向日葵】……105
ひよどり【鵯】……151
びわ【枇杷】……73
ふうせんかずら【風船葛】……121
ふきのとう【蕗の薹】……13
ふぐ【河豚】……183
ふじ【藤】……65
ふっかつさい【復活祭】……47
ぶどう【葡萄】……140
ふゆごもり【冬籠】……174
ふゆのにじ【冬の虹】……164
ぶり【鰤】……167
べにのはな【紅の花】……70
へびあなにいる【蛇穴に入る】……134
ほおじろ【頬白】……73
ほおずきいち【鬼灯市】……93
ほしのいりごち【星の入東風】……166
ほたてがい【帆立貝】……71
ぼたもち【ぼた餅】……37
ほたるがり【蛍狩】……78
ぼたん【牡丹】……56
ほととぎす【杜鵑】……62
ぼんおどり【盆踊り】……111

ま

みじかよ【短夜】……84
みずな【水菜】……17
みずばしょう【水芭蕉】……54
みなくちまつり【水口祭】……55
みなみ【南風】……92
みのむし【蓑虫】……135
むぎうれぼし【麦熟れ星】……72
むしあなをいづる【虫穴をいづる】……28
むしおくり【虫送り】……119
むしのあき【虫の秋】……144
むらさきしきぶのみ【紫式部の実】……148
めじろ【目白】……15
めだか【目高】……77
もくせい【木犀】……129
もくれん【木蓮】……41
もず【百舌鳥】……118
ものだねまく【物種蒔く】……36
もののめ【ものの芽】……24
もみじがり【紅葉狩】……153
もものはな【桃の花】……30

やらわ

やぶこうじ【藪柑子】……168
ゆうだち【夕立】……104
ゆきおんな【雪女】……198
ゆきみざけ【雪見酒】……198
ゆきむし【雪虫】……173
ゆくはる【行春】……56
らっかせい【落花生】……136
りんご【林檎】……151
りんどう【竜胆】……145
れんげそう【蓮華草】……44
れんこん【蓮根】……197
ろうばい【蠟梅】……196
わかさぎ【公魚】……16
わかめ【和布】……21
わたつむ【綿摘む】……116

引用詩歌索引（冒頭句のみ掲出）

おわりに

生まれも育ちも北海道の私にとって、「歳時記」には、近くて遠い微妙な距離感がありました。高校の授業でも「実感がわかないと思うけど、これが日本のスタンダードということで」と習った記憶が。今回、歳時記のイラストを描くにあたって、そんなことを思い出しながら、今一度、日本を見つめ直す素敵な時間となったことを感謝しています。

ささきみえこ

四季のある日本に生まれ、俳句の世界に親しむようになってから、歳時記の本をつくることが夢でした。

素晴らしいイラストを描いてくださったささきみえこさん、植木ななせさん、センスある装丁を手がけてくださったデザイナーの吉田恵美さん、雷鳥社のみなさま、本当にどうもありがとうございました。

この本を手にとってくださったみなさんが、少しでも日本の歳時記と暮らしについて興味を持ち、楽しんでくださいましたら、幸いです。

みなさまの三六五日が、素敵な毎日でありますように。

二〇一六年五月　森乃おと

【主要参考資料】
『年中行事覚書』柳田國男著（講談社学術文庫）／
『アイヌ歳時記──二風谷のくらしと心』萱野茂著（平凡社新書）／
『暮らしのこよみ歳時記』岡田芳朗著（講談社）／
『カラー版　新日本大歳時記』飯田龍太・稲畑汀子・金子兜太・沢木欣一監修（講談社）／
『にっぽんの歳時記ずかん』平野恵理子著（幻冬舎）／
『料理歳時記』辰巳浜子著（中公文庫）ほか

七十二候のゆうるり歳時記手帖

著・森乃おと

イラスト・ささきみえこ

2016年6月29日 初版第1刷発行
発行人：柳谷行宏
発行所：雷鳥社

〒167-0043 東京都杉並区上荻2-4-12
TEL 03-5303-9766
FAX 03-5303-9567
HP http://www.raichosha.co.jp/
E-MAIL info@raichosha.co.jp

装丁・デザイン：吉田恵美（mewglass）
印刷・製本：株式会社光邦
編集・森田久美子

Printed in Japan
ISBN 978-4-8441-3697-2

森乃おと
広島県福山市生まれ。俳人。
日本の年中行事や暮らしの研究を行う。

ささきみえこ
北海道帯広市出身。
イラストレーター、刺しゅう作家、彫刻家。